AF359881

NOTICE

SUR

L'EXPLOITATION SOUTERRAINE

DES

ARDOISIÈRES D'ANGERS

Par M. ICHON

INGÉNIEUR AU CORPS DES MINES

Extrait du *Bulletin de la Société de l'Industrie minérale*,
3ᵉ série, tome IV, 3ᵉ livraison, 1890.

ANGERS

IMPRIMERIE LACHÈSE ET DOLBEAU
4, rue Chaussée-Saint-Pierre, 4

1890

NOTICE

SUR

L'EXPLOITATION SOUTERRAINE

DES

ARDOISIÈRES D'ANGERS

L'essai sur l'industrie ardoisière d'Angers, publié en 1863 par M. Blavier, sénateur, alors ingénieur au Corps des Mines (1), depuis lequel, il n'a paru, à notre connaissance, aucun travail sur l'exploitation des ardoisières d'Angers, donnait un aperçu historique des ardoisières, décrivait le mode d'exploitation en usage en le comparant à ceux employés dans les Ardennes et en Angleterre, étudiait les conditions du travail au point de vue de la sécurité, examinait la situation des ouvriers et enfin la situation industrielle et commerciale des ardoisières.

Nous n'avons point l'intention d'examiner les divers points traités dans cet essai si complet ; nous nous proposons seulement d'étudier, tant au point de vue de

(1) Paru chez Cosnier et Lachèse, à Angers.

l'économie qu'à celui de la sécurité, la méthode d'exploitation souterraine employée d'une manière générale dans le centre d'Angers jusqu'à ce jour, et celle qui commence à s'y implanter et que, pour notre part, nous considérons comme la méthode de l'avenir.

Les schistes ardoisiers d'Angers font partie d'un ensemble de schistes considérable appartenant à la formation silurienne ; ces schistes se poursuivent sur une grande étendue de l'est à l'ouest, ayant leur limite est aux environs d'Angers ; dans le sens nord-sud, ces schistes présentent des plissements importants ; les couches y sont, par places, fortement redressées, et les mêmes couches affleurent certainement à plusieurs reprises.

Les schistes ardoisiers qui ont participé au mouvement général des terrains forment, au milieu des autres, plusieurs couches appelées *veines* dans le pays, de puissance variable, mais généralement assez considérable, et atteignant par endroits plus de 100 mètres. Il va de soi que, sur une pareille épaisseur, la qualité du schiste n'est pas toujours la même ; le schiste est plus ou moins fissile et, aux environs d'Angers, on donne le nom de veines spécialement à certaines parties plus particulièrement fissiles.

Aux environs immédiats d'Angers, la bande des schistes, dans lesquels des exploitations ont eu lieu, s'étend sur une longueur de plus de 6 kilomètres ; les centres d'exploitations sont actuellement à Trélazé et Saint-Barthélemy (fig. 1, pl. III). En allant de l'est vers l'ouest, la largeur de la bande de schiste se réduit de 1 kilomètre environ près de Trélazé, à 600 mètres près de l'ardoisière des Fresnais, et diminue encore vers l'ouest. Il y a eu quelques exploitations anciennement en deux points au sud de cette bande, jusqu'à 2 kilomètres de distance. D'un autre côté, tandis que vers l'est, du côté de Trélazé, il semble y avoir jusqu'à six veines proprement dites dont, il est vrai, deux seulement ont été trouvées exploitables avantageusement, vers l'ouest, à l'ardoisière des Fresnais, on a trouvé trois veines parfaitement caractérisées et utilement exploitables. Deux de ces veines, celle du sud et celle de l'extrême sud, se rapprochent probablement vers l'ouest et viennent peut-être se réunir en une seule ; il en est peut-être de même en profondeur, car, tandis que la veine sud plonge vers le sud, la veine extrême-sud plonge vers le nord (fig. 2). La veine du nord plonge également vers le nord, mais ses caractères, nettement différents de ceux des veines du sud, ne permettent pas de supposer que la première soit la continuation de l'une des dernières. Du reste, tandis que la veine du nord a pu être suivie et même exploitée plus loin vers l'ouest, et notamment à Angers même, on n'a pas trouvé la continuation des veines du sud, au moins avec une puissance sérieuse.

Dans toute la bande de schiste fouillée par les exploitations, on n'a trouvé qu'un seul banc de quartzite d'une épaisseur de $0^m,80$. Le passage du schiste fissile au schiste non fissile est, en général, très graduel ; il n'y a pas de mur et de toit nettement caractérisés à la veine fissile et, comme la direction de la fissilité ne se confond pas toujours avec celle de la veine, les travaux de recherche sont souvent fort délicats. On y est quelquefois guidé par des bandes de terrain à caractères assez nets ; ainsi, la veine du nord renferme, dans sa partie septentrionale, une couche de schiste ampéliteux nommée *charbonnée* ; vers le sud, la même veine est suivie d'un schiste plus foncé et plus chargé de pyrites de fer appelé *pierre noire*.

Près de Trélazé, la veine du sud, qui a un pendage dé 20 à 25° sur la verticale au sud, est limitée au nord par ce qu'on appelle la *liche* ; le schiste y est coupé par de petites surfaces douces au toucher qui coupent le plan de fissilité ; plus loin, vient un schiste à peine fissile. Au sud, cette même veine est limitée par des schistes renfermant des pyrites en lames plus ou moins épaisses appelées *foriaces*.

Du côté ouest, près de Saint-Barthélemy, où l'on exploite les deux veines du sud, c'est la plus au nord des deux qui correspond à la veine sud de Trélazé, la veine extrême-sud se caractérise, à sa paroi nord, par un petit filet de quartz appelé *râfle* ; elle renferme, vers son milieu, une bande de schiste de qualité inférieure. A peu de distance au sud de cette veine, le schiste disparaît pour faire place au quartzite. Dans cette partie, une coupe se présenterait à peu près comme le montre la figure 2, planche III.

Dans une autre partie du département, plus à l'ouest, près de Combrée, se trouve une passée de schiste dans laquelle la veine fissile a une puissance beaucoup plus considérable qu'aux environs d'Angers ; une galerie de recherches y a recoupé le schiste fissile sur plus de 200 mètres de largeur. Le schiste y est d'ailleurs sujet aux divers dérangements dont nous allons parler tout à l'heure, et généralement plus délité que celui d'Angers.

Il ne faudrait pas croire, du reste, que, même dans ce qu'on appelle les veines proprement dites dont l'épaisseur va, en général, de 35 à 60 mètres, la qualité du schiste soit partout la même ; elle est, au contraire, essentiellement variable, soit en direction, soit en profondeur, et cela tant à cause des dérangements amenés par les divers accidents géologiques dont nous allons parler qu'à cause de la présence de matières étrangères qui nuisent à la fissilité (1).

D'un autre côté si, comme pour la tète des filons, la partie des veines voisine de la surface a été altérée par les agents atmosphériques et forme ce qu'on appelle les *cosses* sur 10, 15, 20 mètres de profondeur et plus, en certains points, une autre action a dû se faire sentir encore ; à l'ardoisière de Monthibert-Trélazé, où l'on a recherché la veine du sud souterrainement ; on a reconnu que cette veine ne commence à être exploitable qu'à 100 mètres de profondeur à peu près. Cela tient sans doute aux circonstances mêmes dans lesquelles s'est fait le dépôt des matières qui ont formé plus tard les schistes.

Aux environs d'Angers et dans les parties actuellement exploitées, les deux veines principales du nord et du sud montrent, sur plusieurs kilomètres de longueur, une direction moyenne parfaitement nette sud 60 degrés est à nord 60 degrés ouest (fig. 1). Quant à la *fissilité*, ou ce qu'on pourrait appeler le clivage du schiste ardoisier, son plan est variable tant comme direction que comme inclinaison ; la direction oscille autour de celle de la veine jusqu'à une vingtaine de degrés ; l'inclinaison est toujours voisine de la verticale, mais tantôt vers le nord, tantôt vers le sud. Dans le pays, on distingue, outre le plan de clivage ou fissilité, le long de la pierre ou *fil de pierre* (2). Il est à noter qu'il est souvent difficile de rencontrer dans les exploitations une surface tant soit peu étendue, qui soit franchement en fil de pierre. Cela tient à ce que le fil de pierre est

---

(1) Quartz, pyrite de fer, calcite, talc, etc.

(2) Le fil de pierre est, à proprement parler, l'horizontale du plan de fissilité. Dans le long, c'est-à-dire suivant une surface sensiblement horizontale, la pierre se divise, se querne beaucoup plus facilement que dans le travers, c'est-à-dire verticalement.

dérangé par de nombreux délits ou cassures plus ou moins importants.

Les plus importants sinon les plus nombreux de ces accidents sont les *torsins*. Ce sont de larges fentes presque verticales, mais dont l'inclinaison varie dans le même accident et change même de sens ; elles sont remplies de rognons de quartz enveloppés dans des fragments tordus et plissés des roches encaissantes. Ceux que nous avons pu examiner de près ont une direction variant de 20 degrés de part et d'autre autour du méridien vrai que l'on peut considérer comme leur direction moyenne. L'épaisseur des torsins peut aller jusqu'à une vingtaine de mètres ; elle ne reste d'ailleurs pas constante pour un même torsin

Le voisinage des torsins est toujours à craindre dans les exploitations parce qu'ils peuvent donner lieu facilement à des mouvements du rocher.

A côté des torsins dont le remplissage est, au moins partiellement, formé de matières étrangères aux veines ardoisières et qui interrompent le fil de pierre, il faut citer les *cordes de chat*. Ce sont des veines ou veinules de quartz blanc dont l'épaisseur varie et qui suivent la direction de la veine et sont rejetées avec elle, étant d'ailleurs presque verticales. Il est à noter que si les torsins, en dehors des plans qui les limitent, n'altèrent guère le schiste ardoisier, et si leur action a été simplement mécanique, les cordes de chat, au contraire, le modifient profondément, quelquefois à plusieurs mètres de distance et changent la nature même du schiste. Certaines cordes de chat se poursuivent régulièrement sur toute la longueur des exploitations ; il en est ainsi notamment pour une grosse corde de chat de la veine du nord, dont la direction est ainsi constante, tandis que celle de la fissilité varie comme nous l'avons dit.

Les cordes de chat ne sont pas à craindre au point de

vue des mouvements du terrain, leur remplissage quart-
zeux formant un ciment plus dur que la roche elle-
même.

Une autre série de délits importants qui interrompent
la fissilité en déplaçant la veine sont les *chefs*. Ce sont
des cassures généralement très nettes, voisines de la
verticale, la plupart du temps sans remplissage, quelquefois avec un faible remplissage, soit de quartz,
auquel cas ils prennent le nom de chefs chailleux, soit
de matière argileuse. Dans ce dernier cas, les chefs
sont à craindre au point de vue des mouvements dans
le rocher. La direction moyenne des chefs est de nord
40 degrés est, vers sud 40 degrés ouest.

Nous avons à mentionner ensuite des délits assez
étendus dont la direction varie autour de celle de la
veine elle-même depuis est-ouest jusqu'à nord-sud, avec
une inclinaison allant à 45 degrés sur la verticale dans
l'un ou l'autre sens. Ils ne déplacent pas la veine. Suivant que ces délits, lorsqu'on descend dans les chambres,
se rapprochent ou s'écartent de la paroi, ils prennent
les noms de *bavures* ou *rembrayures*. Comme ils ont fréquemment un remplissage glaiseux, on comprend aisément qu'ils deviennent dangereux pour les parois
lorsqu'ils sont en bavure, tandis qu'ils n'offrent généralement pas de danger lorsqu'ils sont en rembrayure.
Par leur direction habituelle, voisine de celle de la veine,
les bavures ou rembrayures n'ont, en général, des
inconvénients que pour les parois des chambres parallèles à la direction qu'on appelle spécifiquement *parois* ;
elles en ont rarement pour les parois plus ou moins
perpendiculaires, appelées *chefs* par suite de l'analogie
de leur direction avec celle des chefs naturels.

Les *érusses* sont des délits généralement moins conti-
nus que les rembrayures ; leur direction est beaucoup
plus constante que celle des rembrayures-bavures ; elle

paraît être en moyenne de nord 30 degrés est à sud
30 degrés ouest, c'est-à-dire à peu près perpendiculaire
à celle de la veine. D'un autre côté, leur inclinaison,
qui varie de 45 degrés à la verticale, va presque toujours
de l'est vers l'ouest, c'est dire qu'elles sont dangereuses
pour les chefs est surtout ; et, comme dans la veine du
nord, les érusses sont nombreuses, cela a obligé dans
les découvertures à disposer toujours les charpentes
d'extraction de préférence sur le chef ouest. Les érusses
n'ont généralement pas de remplissage et produisent
rarement un déplacement de la veine.

Comme les érusses, les *chauves* sont des délits généralement peu étendus ; il y a cependant des exceptions.
Leur direction est aussi assez constante et voisine de
celle de la veine ; leur plan est presque toujours voisin
de la verticale. Les chauves sont sans remplissage ou
quartzeuses, auquel cas elles prennent le nom de *râfles*,
ou argileuses, et alors elles sont appelées *chauves
grasses*. Ce sont surtout ces dernières qui peuvent devenir dangereuses pour les parois des chambres. Les
chauves ne produisent pas de déplacement de la veine ;
elles sont déplacées par les autres délits. Les chefs, les
rembrayures, les érusses et les chauves ne changent pas
la nature de la veine ; il paraît qu'en général la veine
est bonne dans le voisinage des chauves quartzeuses ou
râfles ; le rocher y est plus sonore, moins tendre et se
fend mieux. Cela indiquerait donc une véritable action
exercée par le remplissage de ces filons sur la fissilité.

Il nous reste à parler des *assereaux* et des *feuilletis*.
Les premiers sont des délits de direction indéterminée,
dont l'inclinaison variable, d'ailleurs, dans le même
délit, ne dépasse pas 45 degrés sur l'horizontale. Ces
délits sont fréquemment chailleux, c'est-à-dire quart-
zeux et pyriteux. Ils sont généralement peu étendus ;
mais, par suite de leur faible inclinaison, leur plan de

séparation peut devenir dangereux, soit seul dans les voûtes, soit dans les parois, par suite de sa rencontre avec d'autres délits. Ils sont, heureusement, peu nombreux en général.

Enfin, les *feuilletis* ne sont pas, à proprement parler, des délits. Ce sont des parties de chiste, comprises au milieu des autres, et qui, par suite évidemment d'actions mécaniques spéciales, ont eu leur fissilité dérangée, froissée en quelque sorte. Ces parties affectent toutes les directions et toutes les inclinaisons. Elles sont dangereuses, parce qu'elles interrompent la continuité de la veine dont elles n'altèrent d'ailleurs pas la nature au-delà de leur propre épaisseur.

Nous avons cru devoir insister quelque peu sur les divers accidents qui affectent le schiste ardoisier, parce que leur connaissance est importante au point de vue de la sécurité des méthodes d'exploitation.

Notons encore que les délits sont plus nombreux dans la veine du nord que dans les veines du sud, notamment les érusses et les rembrayures ou bavures.

Nous avons représenté sur la figure 3, une chambre souterraine et les directions moyennes des divers délits dont nous venons de parler.

L'exploitation des ardoisières d'Angers remonte à une époque assez ancienne ; on peut la poursuivre par des documents jusqu'au xiie siècle. Cette exploitation n'avait lieu qu'à ciel ouvert et ce n'est qu'à une époque relativement très récente, en 1832, qu'a été ouverte la première exploitation souterraine à l'ardoisière des Grands-Carreaux (1).

Il est remarquable, et le fait doit être attribué à la

(1) En Bretagne, les exploitations souterraines, de petites dimensions, il est vrai, et ayant leur voûte taillée en dôme, étaient usitées depuis longtemps ; on en trouve déjà la description dans un mémoire de Fougeroü de Bondaroy, de 1767.

nature particulière du schiste ardoisier, que le mode d'abatage a subi peu de modifications importantes dans les ardoisières à ciel ouvert, depuis ses premières origines. Après avoir fait l'opération préliminaire indispensable de la découverture, c'est-à-dire de l'enlèvement des terres végétales et des *cosses* ou parties de schiste altérées par les agents atmosphériques et impropres à la fabrication de l'ardoise, on a, de tout temps, abattu le schiste par une série de gradins droits, dont la hauteur a été en augmentant. De 8 pieds à l'origine, elle est arrivée, en dernier lieu, à 4 mètres, restant encore bien inférieure à la hauteur des gradins des exploitations anglaises, qui va à 15 mètres.

Pour commencer l'abatage d'un gradin, on a toujours débuté par l'ouverture d'une tranchée, dirigée dans le sens de la veine, de largeur aussi réduite que possible et faite sur la hauteur même du gradin. Ce travail s'exécutait autrefois entièrement à la pointe ; il était fort long et absolument improductif (1). Une fois cette tranchée ouverte, on détachait les blocs du gradin en enfonçant, dans le haut du banc, des coins en fer : quinze ou dix-huit ouvriers, placés à côté les uns des autres, frappaient simultanément ces coins ou quilles qu'on doublait ou triplait suivant les besoins ; ce travail de frappage durait quelquefois cinq ou six jours. Cette opération du frappage a été conservée plus tard pour obtenir le détachement complet des pièces séparées de la masse par les coups de mine.

Le travail d'abatage a dû être singulièrement accéléré par l'emploi des coups de mine ; nous ne trouvons aucune indication sur l'époque à laquelle cet emploi a été introduit.

L'extraction des matières s'est opérée, à l'origine, à

(1) Dans le mémoire de Fougerou déjà cité, on voit que ce travail se payait 7 sols 6 deniers le pied carré de fonçage.

dos d'homme ; plus tard, les matières étaient amenées
à dos d'homme à l'une des extrémités de la carrière ;
là, elles étaient chargées dans des caisses rectangulaires, *bassicots*, attachées à l'extrémité d'une corde
enroulée sur le tambour d'un manège placé à la surface.

A une époque plus récente, probablement au commencement du siècle, on a commencé à se servir des
billons de conduite, c'est-à-dire des câbles-guides con-
duisant le bassicot dans son mouvement d'ascension ou
de descente, à l'aide d'une poulie, système qui a permis
de mener les bassicots à l'endroit même où l'on devait
charger. Enfin, depuis 1830, l'extraction s'est opérée
par machines à vapeur.

Quant à l'épuisement, il a dû s'opérer de très bonne
heure à l'aide de manèges. Il n'a, du reste, acquis quelque
importance que depuis l'approfondissement considérable
des exploitations ; il s'opère encore actuellement, à
certains endroits, par des tonnes, tandis que sur d'autres
exploitations on a installé des pompes.

Bien que nous ne parlions ici qu'en passant des fonds
à ciel ouvert qui tendent à disparaître et dont il n'existe
plus que trois dans le centre d'Angers, il ne sera pas
sans intérêt de mentionner les dimensions considérables
qu'ont atteintes certains fonds à ciel ouvert. Ces fonds
sont arrivés à avoir jusqu'à près de 70 mètres horizontalement, dans le sens de la veine ardoisière, sur une
largeur allant à 50 mètres. Un fonds de l'Hermitage a
été en profondeur jusqu'à 150 mètres.

Les dimensions horizontales indiquées correspondent
à la section du fonds au commencement du gîte utilement exploitable ; au-dessus, les quatre côtés sont taillés
par gradins, avec un talus moyen de 45 degrés, et l'on
voit que pour une hauteur de terrain stérile, de 15 mètres
par exemple, on est obligé d'extraire un cube de 90,000

à 100,000 mètres avant d'arriver à l'extraction de la matière utile. L'exploitation à ciel ouvert exige, en outre, pour l'extraction, des charpentes assez considérables appelées *pans de bois*, qui atteignent jusqu'à 30 et 40 mètres de hauteur et absorbent des centaines de mètres cubes de bois de chêne. Les frais de premier établissements des exploitations à ciel ouvert sont donc encore assez considérables ; les frais d'exploitation eux-mêmes peuvent être assez élevés, par suite des éboulements plus ou moins importants qui se produisent toujours et qui sont toujours la cause de l'arrêt final des fonds à ciel ouvert.

Méthode en descendant ou par gradins droits. La méthode d'exploitation souterraine, qui a été employée exclusivement dans le centre d'Angers jusqu'à ces dernières années, a été indiquée par M. Le Chatelier et mise en pratique, pour la première fois, à l'ardoisière des Grands-Carreaux, en 1832. Elle fut adoptée pour éviter les frais de découverture considérable nécessités par la profondeur à laquelle commençait le schiste utilement exploitable. Elle visait l'emploi souterrain de la méthode d'abatage employée dans les découvertures, en se fondant sur la grande résistance du schiste ardoisier, pour donner aux chambres souterraines des dimensions horizontales analogues à celle des découvertures. Cette résistance est, en effet, considérable, comme nous le verrons plus loin. Cela explique que l'effondrement proprement dit des voûtes des fonds souterrains ne se soit presque jamais produit. Nous parlerons plus loin des effondrements qui ont eu lieu ; ils ont toujours eu pour cause première un défaut de résistance de l'une des parois formant support des voûtes et l'existence de délits plus ou moins inclinés.

Quoi qu'il en soit, les fonds souterrains exploités jusqu'à présent se trouvaient dans deux conditions différentes : les uns ouverts dans un terrain vierge , les autres ouverts sous d'anciennes découvertures ou sous d'autres fonds souterrains. Pour les premiers, il était nécessaire que la voûte ne fût ouverte que dans le rocher solide , ayant déjà une certaine épaisseur de rocher solide au-dessus d'elle; pour les seconds, une épaisseur analogue de rocher devait être laissée au-dessous des anciennes excavations pour soutenir les remblais remplissant celles-ci. Dans le premier cas, le puits desservant la chambre souterraine était foncé lui-même dans le rocher vierge ; dans le deuxième cas, il traversait les remblais des excavations antérieures, puis le stot laissé en dessous de ces remblais ; quelquefois aussi, il était foncé entièrement dans le rocher vierge, à côté des anciennes découvertures. (Voir fig. 2, pl. III.)

Aux puits des fonds en terrain vierge on a donné des profondeurs variant de 50 à 100 mètres ; à part la considération du soutènement de la surface, la profondeur à laquelle a été faite la voûte a varié aussi suivant la qualité du rocher, les exploitants ne voulant nécessairement ouvrir le fonds que dans un rocher bien fissile (1). Quant au stot laissé sous les remblais des anciennes découvertures, on lui a donné une épaisseur minima de 15 mètres.

Fonçage des puits.

Les puits foncés pour l'exploitation souterraine avaient jusqu'ici des dimensions très considérables ; comme l'indique M. Blavier, les moindres dimensions devaient être de 5 mètres et 3 mètres. Cette grande section, fréquemment dépassée, est nécessitée par le mode d'extraction en caisses guidées par un seul câble, et qui vont prendre les matières à pied d'œuvre. Nous revien-

---

(1) Comme nous l'avons indiqué plus haut, la profondeur à laquelle le schiste commence à être fissile est variable.

drons sur cet arrangement qui nécessite également l'évasement du puits dans sa partie inférieure, auprès de la voûte ; il en résulte que la section du puits à la voûte va jusqu'à 8 et même parfois 10 et 12 mètres dans les deux sens. On place toujours les puits avec leur moindre dimension parallèle à la direction de la veine, le rocher offrant le plus de solidité sur les faces perpendiculaires à cette direction.

Les puits sont généralement boisés, quelquefois maçonnés à la partie supérieure ; quelques-uns sont également boisés à la partie inférieure ; mais, en général, le rocher est assez solide pour permettre l'absence de boisage. La plupart du temps, les puits ne présentent aucune division, toute la section sert à l'extraction ; ce n'est qu'exceptionnellement, lorsqu'il n'y a pas de descenderie spéciale pour les ouvriers, que les échelles sont installées dans un coin du puits d'extraction.

Le travail du fonçage s'opère partiellement à la poudre, partiellement au pic ; on évite d'ébranler les parois du puits qu'on taille d'ailleurs avec grand soin, et qu'on consolide parfois par un chevillage, comme on le fait pour les parois des chambres. On comprend que, dans ces conditions, le travail de fonçage soit assez long et assez coûteux. On ne compte guère qu'un avancement moyen de 3 mètres et maximum de $4^m,50$ par mois. Le prix de revient du mètre courant dans le rocher peut varier de 500 francs à 1,000 francs, suivant qu'il n'y a pas ou qu'il y a épuisement ; on doit compter en moyenne sur 800 francs par mètre, au moins, tout compris ; dans les déblais, le prix est à peu près le même avec les frais de boisage. Outre ces grands puits d'extraction dont l'exécution demande plusieurs années, on fait, en général, des puits de descente pour les ouvriers, auxquels on donne pour dimensions $1^m,50$ dans les deux sens et qui

reviennent à 100 ou 150 francs le mètre. Ces puits de
descente débouchent à la voûte même de la chambre ou
bien latéralement.

Lorsqu'on ne connaît pas encore le gisement par des
travaux de recherche antérieurs, on pousse, de temps à
autre, à partir du puits d'extraction, des galeries ou
avancées pour reconnaître le gisement et, lorsque l'on
pense être arrivé en bonne pierre et à un niveau où la
voûte paraît devoir être solide, on arrête le fonçage du
puits et on commence la préparation de la voûte.

On a été, dès l'origine, très hardi dans les dimensions
données aux voûtes des fonds souterrains. Ainsi, la
voûte du fonds n° 1 des Grands-Carreaux avait à peu près
40 mètres dans les deux sens. Plus tard, nous trouvons
des fonds tels que le n° 6 des Grands-Carreaux, encore
existant, qui a 60 mètres dans les deux sens à la voûte.
La confiance que l'on avait dans la solidité des voûtes a
été justifiée par l'expérience. Mais, comme nous le verrons plus loin, ce qui mérite moins de confiance, ce
sont les *parois* (mur et toit de la veine) des fonds ; aussi
a-t-on été conduit à limiter d'office la longueur des
fonds à 40 mètres en général, celle de 50 mètres étant
admise dans certains cas et à la condition d'arrondir les
angles du fonds.

Pour préparer la voûte qui, disons-le en passant, est
généralement plate, on commence par ouvrir, à partir
du puits, deux galeries, l'une dans le sens du fil de
pierre, l'autre perpendiculaire à la première, sur $1^m,50$
de largeur et 2 mètres de hauteur à peu près (fig. 4).
Lorsque la dernière de ces galeries est suffisamment
avancée, on y place des chantiers qui s'avancent dans
le sens du fil de pierre. La partie inférieure du front de
taille de 2 mètres est attaquée par des trous de mine ;
quant à la partie avoisinant la voûte, elle était autre-

fois entièrement abattue à la grande barre, c'est-à-dire
à l'aide d'une barre de 3 à quatres mètres de longueur,
appuyée sur une poulie portée par un chevalet en fer.
La barre, qui porte une pointe qu'on peut changer à
volonté, est manœuvrée par trois ou quatre hommes.
On comprend que le travail dans ces conditions soit
fort long ; il l'est encore suffisamment lorsqu'on s'aide
de la poudre ; on peut compter, en effet, environ dix-
huit mois pour une voûte de 1,600 mètres carrés
de surface. On paie aux ouvriers environ 25 francs du
mètre carré, les explosifs et l'éclairage étant à la
charge des exploitants, ce qui peut faire revenir en
total le mètre carré à 30 francs au moins. Il s'y ajoute
encore la coupe, c'est-à-dire le rangement des parois
qui se fait à la pointe et se paie environ 50 francs du
mètre courant sur les deux chefs, soit pour 40 mètres,
en tout, 2,000 francs. Une voûte de 1,600 mètres carrés
reviendrait donc ainsi à environ 50,000 francs. Ajoutons
que ce travail est absolument improductif et qu'on peut
bien estimer à 15 ou 20,000 francs le bénéfice perdu sur
le cube ainsi abattu.

Dans les dernières années on a fait parfois la voûte
entièrement à la poudre ; dans ces conditions son coût
est un peu moindre et l'exécution plus rapide.

Exploitation courante.

1° *Foncée*. — Pendant que l'on achève la voûte, on
commence à préparer l'exploitation courante. Cette
exploitation consiste dans l'abatage, en descendant, de
bancs successifs de schiste dont la hauteur est, dans certaines exploitations de $3^m,33$; dans d'autres, de 4 mètres.
Il s'agit d'abord de pratiquer une première ouverture
dans le banc ; c'est ce qu'on appelle faire la *foncée* (fig. 5
et 6). Cette sorte de rigole, qui doit être faite sur toute
la hauteur du banc, est pratiquée à l'aide de la *pointe,*
sorte de pic à un seul bout et en s'aidant de coups de

mine. On donne à cette ouverture la plus petite largeur possible, parce que le schiste qui en sort est absolument improductif ; aussi les ouvriers ne sont-ils pas payés au mètre cube, mais au mètre carré vertical dans le sens du fil de pierre.

Le travail de la foncée peut être singulièrement facilité par les délits naturels appelés *chauves*. En effet, la foncée s'ouvre dans le sens de la direction de la veine ou du fil de pierre, entre les deux chefs ; par suite, les chauves qui ont à peu près cette direction et une position voisine de la verticale donnent une prise soit à l'outil, soit aux coups de mine ; un coup de mine c dirigé obliquement vers la chauve CC permettra la sortie d'un bloc triangulaire (fig. 5).

Lorsque le fil de pierre est vertical on peut placer la foncée indifféremment en un point quelconque de la largeur du fonds, parce que l'abatage subséquent s'opère aussi facilement vers le nord que vers le sud ; au contraire, si le fil de pierre présente une inclinaison vers le sud ou vers le nord, il est préférable de placer la foncée au sud ou au nord, parce que l'abatage est plus facile. De toute manière le travail de la foncée est assez difficile et assez long ; son ouverture sur $1^m,20$ de largeur environ en haut et 4 mètres de profondeur, dans un fonds de 50 mètres de longueur, a demandé par exemple, dans la veine du nord, vingt-trois jours de travail de seize fonceurs, plus deux hommes pour le transport des outils et l'épuisement ; cela correspond à $0^m,12$ environ de longueur de foncée faite par journée d'ouvrier.

Quant au prix de ce travail, il est naturellement assez élevé ; il varie beaucoup suivant le plus ou moins de facilité que donnent les délits. Nous estimons que le minimum doit être de 7 à 8 francs par mètre carré, le maximum de 11 à 12 francs et la moyenne de 10 francs,

y compris les matières explosives, mais sans l'entretien des outils et l'épuisement, le total moyen étant
de 12 francs à peu près. Nous ne tenons pas compte
ici des frais d'éclairage qui se répartissent sur tout le
travail souterrain et s'appliquent mieux à l'abatage du
banc.

En résumé, la foncée pour chaque gradin de $3^m,33$
d'un fonds de 40 mètres de longueur doit revenir à
1,560 francs à peu près; le volume de schiste abattu par
ce travail et inutilisable est de $0^{mc},600$ environ par mètre
de hauteur du banc et par mètre courant, soit de 80 mètres
cubes ou 100 mètres cubes par gradin suivant que celui-
ci a $3^m,33$ ou 4 mètres de hauteur.

2° *Abatage du gradin*. — Le travail courant du gradin
comprend la façon des mines, le frappage des quilles et
le renversement des blocs, puis le débitage ou alignement de ces blocs et le rangement des écots, enfin ce
qu'on appelle la coupe.

Lorsque la foncée a été élargie par des coups de
mine placés suivant quelque chauve, on procède de la
même façon sur toute la largeur du gradin. On pratique à sa surface, à environ 1 mètre en arrière du front
de taille, et, si possible, suivant un délit, des mines verticales, dites mines debout. Les trous de mine ont un
diamètre de $0^m,025$ et sont poussés jusqu'à 1 mètre
environ de la base du gradin; on les met à 4 mètres
environ les uns des autres et on les charge de 130 à
140 grammes de poudre. En même temps, à la base du
gradin, on prépare d'autres mines, horizontales, appelées mines à lever. Ces mines, distantes les unes des
autres de 1 mètre, ont aussi une profondeur de 1 mètre
avec un diamètre de $0^m,03$; on les charge de poudre
comprimée (130 à 200 grammes). Le nombre des coups
de mine qu'on prépare pour les faire partir ensemble

dépend des sorties du rocher, c'est-à-dire des délits plus ou moins transversaux qui limitent une partie du rocher (fig. 7).

On fait partir les mines debout les premières pour produire la fente verticale du rocher ; puis les mines à lever pour le détacher horizontalement. Dans plusieurs exploitations on se sert depuis longtemps de l'électricité pour le tirage des coups de mine. On obtient ainsi des effets bien meilleurs ; le départ simultané d'un certain nombre de coups de mine, quelquefois vingt à la fois, donne un rocher beaucoup moins brisé que le départ successif ou irrégulier. Quoi qu'il en soit, le tirage des coups de mine n'est en général pas suffisant pour détacher le rocher au point de pouvoir le débiter en morceaux propres à l'extraction.

La fente verticale produite par les mines debout est souvent à peine ouverte. On procède alors, comme au temps où l'on n'avait pas d'explosifs, au *frappage des quilles*. Ce sont de longs coins en fer que l'on place dans la fente et sur chacun desquels un ouvrier frappe avec un long pic (fig. 8). On voit ainsi parfois 15 à vingt ouvriers frapper en cadence sur les coins pendant cinq ou six heures consécutives pour arriver à détacher complètement de la masse un bloc de 8 ou 10 mètres de longueur, d'un mètre d'épaisseur et de la hauteur du banc.

Il reste encore à renverser le bloc ; pour cela plusieurs ouvriers introduisent dans la fente ouverte par les coins de grandes barres sur lesquels ils pèsent, agrandissant ainsi successivement l'angle entre la masse et le bloc jusqu'à ce que celui-ci finisse par se renverser.

Le débitage ou *alignement* des blocs a pour but de diviser les blocs abattus en fragments moindres dont les plus grands sont attachés directement au câble d'ex-

traction à l'aide d'une chaîne tandis que les plus petits
sont chargés dans les *bassicots* (fig. 9), caisses rectangulaires d'une contenance variant de $0^{mc}.600$ à $0^{mc},900$.
L'opération de l'alignage est délicate et demande des ouvriers exercés qui sachent reconnaître les délits et en pro-
fiter, de manière à ne pas gâcher la pierre. Il va de soi que
l'on sépare déjà autant que possible dans le fonds même
les parties de rocher absolument improductives qui sont
chargées à part dans les bassicots et extraites sous le
nom de *bourrier*. La proportion de cette partie improductive est très variable ; beaucoup plus forte dans la
veine du Nord que dans celle du Sud, elle peut varier
de 50 à 15 p. % du cube abattu et, par conséquent, la
proportion de schiste utile varie elle-même de 50
à 85 p. %.

Les exploitants considèrent généralement comme
avantageux d'extraire le plus possible par grosses pièces,
parce que les fendeurs, plus habiles et plus exercés, ont
beaucoup plus de facilité au jour, pour opérer la division
des pièces de la manière la plus avantageuse ; mais on
n'arrive jamais à extraire la moitié du schiste utile en
pièces.

Il reste une dernière opération pour remettre le nouveau front de taille dans l'état où était le précédent
avant l'abatage des blocs. Il faut procéder à ce qu'on
appelle le *rangement des écots*. L'absence presque com-
plète de délits horizontaux fait que, malgré l'exécution
des mines à lever, les blocs ne se séparent jamais nettement de la masse à la partie inférieure ; il reste une
série d'aspérités du rocher dépassant le niveau inférieur
du banc et qui empêcheraient, si on ne les enlevait,
l'exécution des mines à lever au nouveau front de taille
au niveau voulu. A l'aide de la pointe, on procède donc
à l'enlèvement de ces aspérités, c'est-à-dire au rangement des écots et ce travail est souvent fort long et

absolument improductif; il peut certainement, par endroits, absorber la moitié du salaire d'abatage.

Les extrémités du banc de rocher contre les chefs du fonds ne sont pas enlevés à la poudre. Pendant le travail même du banc, on y fait, à la pointe, un havage vertical qu'on nomme la *coupe* et on évite ainsi l'ébranlement direct des chefs par les coups de mine. Le coupage est, comme le rangement des écots, une opération longue et absolument improductive.

En général, les diverses opérations de l'abatage du banc sont marchandées ensemble, sauf la *coupe* qui se paie à part. Le prix payé par mètre cube pour l'abatage est variable ; nous croyons qu'il oscille, en général, entre 2 fr. 70 et 3 fr. 28, y compris les matières explosives, que les exploitants excluent fréquemment du marchandage.

La coupe est payée au mètre carré depuis 5 francs jusqu'à 7 fr. 50.

En résumé, on voit que l'abatage d'un banc de $3^m,33$ de hauteur, dans un fonds de $40^m \times 40^m$, ce qui donne un cube de 5,300 mètres environ, peut coûter :

Foncée	1,560^f	»
Abatage proprement dit (5,300 — 133)		
5,170 à 3 francs.	15,510	»
Coupe.	1,330	»
Total. . . .	18,400^f	»

Il faut compter que sur le cube abattu 120 mètres au moins sont perdus par la foncée, les coupes et les rangements des écots. Il reste donc une dépense de 18,400 francs pour un cube de 5,180 mètres, ce qui donne un prix de revient de 3 fr. 55.

Quant au volume produit par ouvrier et par journée,

on peut compter 1^{mc},800 par ouvrier occupé à l'abatage du banc ; mais si l'on tient compte des opérations de la foncée et de la coupe on n'arrive plus qu'à un produit de 1^{mc},300 à 1^{mc},400. D'un autre côté, on ne peut guère mettre plus d'un ouvrier mineur sur 4 à 5 mètres de front de taille du gradin ; pour une longueur de 40 mètres, cela fait huit mineurs, plus deux à la coupe, soit dix en tout ; le nombre des bancs battants ne peut guère dépasser cinq en tout ; par conséquent, le nombre total des mineurs sera au maximum de cinquante, qui produiront 50 $\times$ 1^{mc},300 $=$ 65 mètres cube de schiste abattu du banc.

Comme nous l'avons indiqué, la proportion de schiste utilisable peut varier de 85 à 50 p. $^{\circ}/_{\circ}$; par conséquent, suivant la qualité du schiste, la production en schiste à envoyer aux fendeurs d'un fonds de 1,600 mètres carrés de surface peut être de 35 à 55 mètres cubes ; or, le mètre cube de schiste utile donne en moyenne environ 2,300 ardoises des divers modèles, 2,500 au plus (1), on peut donc admettre que le grand maximum de production d'ardoises que pourrait donner un fonds dans ces conditions serait de cent trente mille par jour environ ou trois millions par mois. Toutefois, nous croyons que, dans la pratique, la production provenant d'un fonds souterrain, même de trois mille mètres de surface exploité en descendant, n'a jamais dépassé deux millions par mois d'une manière suivie et deux millions et demi exceptionnellement.

En partant de deux millions par mois de vingt-cinq jours et en comptant deux mille trois cents ardoises par

(1) On peut compter jusqu'à quatre mille pour le mètre cube débité en gros blocs et jusqu'à huit cents ou mille pour le mètre cube débité en morceaux chargés au bassicot.

mètre cube utile abattu, nous arrivons aux chiffres suivants :

Proportion de schiste utile	50 p. %	66,66 p. %	80 p. %
Schiste utile par jour . .	35^{mc}	35^{mc}	35^{mc}
Schiste brut par jour . .	70^{mc}	52^{mc}	43^{mc}

Il faut conclure de là qu'un fonds de 1,600 mètres carrés dans un schiste ne donnant que 50 p. % de matière utile ne pourrait pas arriver à la production de deux millions ; nous croyons que, même dans de bonnes conditions, un pareil fonds ne dépasserait pas un million cinq cent mille ardoises, et qu'une production semblable est plus que la moyenne des bons fonds en général. Cela est d'autant plus vrai que la section horizontale des chambres exploitées en descendant diminuera nécessairement au fur et à mesure de l'abaissement du niveau, soit à cause de l'inclinaison qu'on est obligé de donner aux parois en vue de la solidité, soit à cause de l'inclinaison propre de la veine. On en voit un exemple bien net dans le n° 6 des Grands-Carreaux (fig. 10), qui de 60 mètres sur 60 mètres à la voûte est arrivé à avoir seulement 29 mètres sur 20 mètres au niveau de 100 mètres, où on l'a arrêté parce que l'exploitation cessait d'être fructueuse. La section moyenne de ce fonds ne dépasse pas 1,800 mètres carrés.

L'éclairage des grands chantiers souterrains a eu lieu successivement à l'huile, au gaz et à l'électricité. Ces trois modes d'éclairage subsistent encore aujourd'hui les uns à côté des autres. M. Blavier a publié dans les *Annales des Mines* (1re livraison de 1880), une notice sur ces divers modes d'éclairage. L'éclairage au gaz a été appliqué pour la première fois en 1847 ; d'après la notice de M. Blavier, cet éclairage revient à 46 fr. 50 par journée de vingt-deux heures, mais il ne suffit pas pour le travail des ouvriers du fonds ou ouvriers d'à-bas, et, par suite, il faut y ajouter 8 fr. 50 d'huile. La dépense totale par heure peut donc s'estimer à 2 fr. 50 en-viron.

L'éclairage électrique a été essayé pour la première fois dans un fonds souterrain d'ardoisière en 1863 ; bien que le résultat fut très satisfaisant, on recula devant la dépense d'installation trop considérable. Ce n'est qu'en 1878, à la suite de l'Exposition, que l'éclairage élec-trique fut définitivement adopté. On installa des machines Gramme et des lampes Serrin, et la dépense d'éclairage, d'après les indications de M. Blavier en 1880, était de 50 francs par jour, y compris 1 fr. 20 d'huile ; les lampes étant de 300 becs Carcel, la dépense par bec et par heure est de 0 fr. 0037, tandis qu'avec le gaz, elle était de 0 fr. 034.

Aujourd'hui, l'éclairage électrique est employé par les ardoisières des Fresnais, des Grands-Carreaux et de l'Hermitage, pour les grandes chambres prises en des-cendant ; il est également employé par l'ardoisière de La Grand'Maison et celle de La Forêt pour le travail en remontant. Les ardoisières de la Paperie et des Petits Carreaux se servent encore de l'éclairage au gaz ; l'éclai-rage à l'huile est employé encore à l'ardoisière de Mi-sengrain et à l'ardoisière de Trélazé, dans cette dernière, aidé par des lampes à pétrole, enfin à l'ardoisière du Pont-Malembert, où l'on travaille en remontant.

Les avantages de l'éclairage électrique au point de vue de la sécurité sont inappréciables dans les ardoi-sières souterraines. Quant à la somme dont il grève le mètre cube de matière utile extraite, en admettant 2 fr. 50 par heure et douze heures d'éclairage par jour, elle variera de 1 franc à 0 fr. 50 par mètre cube, suivant la production du fonds.

Quelle que soit la solidité du schiste ardoisier d'Angers, on ne saurait être surpris de voir des éboulements se produire, plus ou moins considérables, dans des chambres souterraines ayant quelquefois 3,600 mètres carrés de surface à la voûte, et une profondeur sous voûte dépassant 100 mètres. Nous verrons plus loin que le nombre de ces éboulements a été assez important, et plus que ne le faisait supposer l'expérience des premières années d'application de la méthode d'exploitation souterraine en descendant, ce qui n'a rien d'étonnant. Aussi, les exploitants exercent-ils une surveillance constante, tant sur la voûte que sur les parois et chefs des immenses chambres, par l'intermédiaire de visiteurs désignés, en général, par les ouvriers eux-mêmes.

Des surfaces qui limitent les chambres souterraines, la voûte est celle qui offre le moins de chances d'éboulements, contrairement à ce qu'on aurait pu supposer *à priori*. En dehors des assereaux, rares dans le centre d'Angers et peu étendus, il ne peut y avoir de dangereux dans les voûtes que ce qu'on nomme les *cœurs* ; le cœur est une masse en prisme triangulaire, ayant sa base à la voûte, et ses deux faces supérieures constituées par deux délits se rencontrant au-dessus de la voûte pour former l'arête du prisme. Ce sont, en effet, des masses de cette forme, plus ou moins considérables, qui ont occasionné les quelques éboulements provenant des voûtes qu'on a à enregistrer et dont l'un, par suite de l'imprudence des exploitants qui n'ont pas tenu compte d'une situation menaçante, a entraîné la catastrophe de Misengrain (18 morts). En dehors de cela, il n'y a jamais eu d'effondrement proprement dit de la voûte dans le centre d'Angers ; il s'en est produit un encore à l'ardoisière de Misengrain, après des fatigues subies par les parois de la chambre.

Malgré cette sécurité relative des voûtes, elles doivent

être surveillées et, pour pouvoir le faire, on y suspend des ponts de visite, principalement suivant les traces des délits qu'on rencontre en préparant la voûte. Pour cela, on fait dans la voûte des trous de $0^m,03$ de diamètre et de $0^m,30$ de profondeur environ, inclinés à 50° à peu près sur le plan de la voûte, et dans ces trous on enfonce des chevilles en fer de $0^m,025$ de diamètre, terminées à leur partie inférieure par un anneau destiné à recevoir le crochet des tiges de suspension. Pour fixer la cheville dans la voûte, on commence par mettre dans le trou un coin de bois ; la cheville s'enfonce ensuite et est serrée par le bois de manière à ne plus pouvoir bouger.

Les tiges de suspension des ponts, placées deux par deux, ont 2 mètres de hauteur et $0^m,025$ de diamètre ; elles sont réunies à leur partie inférieure par une traverse en bois de 12 centimètres carrés sur laquelle viennent se placer les madriers du pont. Les tiges sont écartées de 1 mètre environ, tant en largeur qu'en longueur. Ces ponts reviennent comme main-d'œuvre à 2 fr. 25 le mètre courant à peu près, comme fer et bois à 6 fr. 25 au moins, ce qui fait un total de 8 fr. 50 à 9 francs par mètre courant. Les ponts ont quelquefois plusieurs centaines de mètres de longueur ; ainsi sur la figure 11, qui montre la voûte du fonds n° 2 des Petits-Carreaux, il y a 350 mètres de longueur de ponts, ce qui représente une dépense d'établissement de 3,000 francs au moins.

En général, les chefs, c'est-à-dire les parois verticales des chambres, perpendiculaires à la veine, sont solides et demandent peu de visites ; il n'en est pas de même des parois, c'est-à-dire des faces des chambres, parallèles à la veine. Les points les plus dangereux sont munis de petits ponts auxquels on accède par des échelles fixes ; mais, en outre, les parois sont régulièrement visitées dans toutes leurs parties par les visiteurs ou *décalabreurs*. Le décalabrage comprend à la fois la visite et le nettoyage des parois, c'est-à-dire l'abatage des parties ébranlées ou menaçantes. La visite s'opère par un ouvrier attaché dans ce qu'on appelle la culotte de décalabrage, une sorte de ceinture à siège, au moyen de laquelle on le descend depuis le pont de la voûte qui suit la paroi ; l'abatage des petits morceaux se fait également par l'ouvrier muni de la culotte de décalabrage ; mais, s'il s'agit de parties de rocher plus considérables, on fait descendre le long de la paroi un berceau ou pont suspendu sur lequel se placent les ouvriers qui sont attachés par une ceinture de sûreté destinée à les retenir en cas de chute. On comprend que ces diverses opérations soient assez coûteuses ; les dépenses qu'elles occasionnent varient évidemment avec la nature du rocher et avec le plus ou moins d'éboulements qui se produisent. Dans certains fonds, ces dépenses sont peu importantes ; dans d'autres, comme dans le n° 2 des Petits-Carreaux déjà cité, les décalabrages, à la suite d'un gros éboulement, ont duré plus d'une année.

Il faut mentionner ici comme moyen de décalabrage l'emploi de l'eau. Lorsque, notamment au haut d'une paroi, quelque fente se déclare qui paraît devoir compromettre la solidité tôt ou tard et qui, par sa position, menace de détacher un volume de rocher important, on y amène, si possible, un courant d'eau. Cette eau agissant pendant un temps plus ou moins long, finit par faire tomber des masses quelquefois considérables. Ainsi, à l'ardoisière de l'Hermitage, on a fait tomber par l'eau, dans le fonds n° 3, une croûte de la paroi sud séparée par une chauve et ayant en tête 7 mètres d'épaisseur sur 40 mètres de hauteur et 30 mètres de largeur.

On cherche souvent à consolider les parois tout entières ou certaines parties ébranlées par ce qu'on appelle le *chevillage*. Cette opération consiste à forer dans la partie à fixer ou à cheviller des trous de 0^m,03 ou plus de diamètre et de 2, 3 ou 4 mètres de profondeur jusqu'à ce qu'ils pénètrent suffisamment dans le rocher solide ; dans ces trous on enfonce ensuite des chevilles en fer de la longueur du trou et d'un diamètre correspondant, qui fixent le devant à la partie solide postérieure. Dans certains fonds, les chevilles sont placées de mètre en mètre. Un trou de cheville de 2 mètres coûte environ 5 francs et le fer 2 francs, soit 7 francs en tout ; par conséquent, dans un fonds de 40 mètres (abstraction faite des chefs), il y aurait une dépense par mètre de banc de $80 \times 7 = 560$ francs. Dans d'autres fonds, où les parois ont paru plus solides, on n'a que peu chevillé dès l'abord ; mais il peut arriver plus tard qu'ensuite d'éboulements on ait beaucoup à cheviller ; ainsi dans le fonds n° 5 de la Paperie on occupe depuis deux ans constamment quatre hommes au chevillage et on y place beaucoup de chevilles de 4 mètres de longueur.

Lorsqu'il survient un éboulement de quelque importance dans le fonds, et le cas n'est pas rare ainsi que nous le verrons plus loin, les exploitants passent quelquefois des mois entiers à relever ces *chutes*, et ce travail de relevage est souvent entièrement improductif, la roche de la paroi n'étant pas suffisamment fissile.

Comme moyen de consolidation des parois, on emploie encore des bandes de fer plat qui sont chevillées dans le rocher. Quelquefois et notamment à la sortie des érusses sur les chefs on exécute un petit boisage destiné plutôt à annoncer un mouvement de la partie supérieure qu'à l'empêcher.

L'extraction s'opère toujours dans les ardoisières par Extraction. les caisses ou *bassicots* usittés depuis longtemps, sauf pour les grosses pièces de schiste qui, au moyen d'une chaîne, sont attachées directement au câble d'extraction.

Les bassicots (fig. 9) sont des caisses rectangulaires d'une hauteur de $0^m,50$ à $0^m,60$ et dont le volume varie de $0^{mc},600$ à $0^{mc},900$; elles sont en bois, ferrées, munies à une extrémité d'une porte tournant autour de son arête supérieure. Quatre attaches en fer viennent se réunir en deux anneaux juxtaposés dans lesquels s'engage le crochet du câble d'extraction.

Le chargement des bassicots s'opère par des manœuvres appelés bassicotiers ; on peut compter en moyenne un bassicotier par 3,33 ouvriers d'à-bas, c'est-à-dire pour quarante ouvriers d'à-bas, par exemple, douze bassicotiers.

Les bassicots ou les pièces de schiste sont pris, autant que possible, à l'endroit même où le schiste a été abattu. A cet effet on se sert du *billon de conduite* (fig. 9), c'est-à-dire d'un câble guide attaché d'une part à la charpente des molettes à l'extérieur, d'autre part à une cheville fixée dans le rocher en bas et qui change de place suivant les besoins. Sur ce câble guide roule une poulie portée dans un étrier (*la cayorne*), lequel est rattaché par une tringle et des bouts de chaîne à la chaîne qui termine le câble et porte le crochet d'extraction. Ainsi qu'on peut le voir sur la fig. 9, la tringle peut tourner d'une part autour de son attache au câble d'extraction, d'autre part autour du billon, dans le plan qu'elle fait avec le câble d'extraction. Le système a ainsi une grande mobilité, avantageuse pour les manœuvres du fonds, mais qui a un inconvénient sérieux pour le mouvement dans le puits, attendu que le bassicot montant peut tourner autour du câble guide suivant un cercle d'un rayon de $1^m,50$ environ et, par suite, est exposé à heurter les parois ou le bassicot descendant qui se trouve dans les mêmes conditions. C'est là ce qui a obligé les exploitants à donner d'aussi grandes dimensions aux puits, malgré lesquelles les chocs sont encore assez fréquents ; en tout cas on est obligé de ralentir beaucoup la marche de la machine a la rencontre des bassicots lorsque celle-ci s'opère dans le puits. De même le départ du fonds doit se faire avec lenteur pour donner ce qu'on appelle le branle ; en effet la traction s'opérant en général plus ou moins obliquement, le bassicot ne peut recevoir un mouvement plus rapide que lorsqu'il est franchement suspendu.

Dans le fonds le bassicot vient se poser ou sur le sol ou sur une plateforme roulant sur rails lorsque le bassicot ne peut pas atteindre à tous les points en travail. Il en est ainsi notamment lorsque l'on commence un fonds en descendant, pour les points éloignés du puits, parce que le câble guide prendrait une position trop horizontale.

Au jour, le bassicot vient se poser sur des chariots spéciaux à deux roues et à bascule ; à cet effet on couvre l'orifice du puits par un pont mobile sur lequel un cheval amène le chariot en reculant ; lorsque le pont est roulant, le mouvement même du cheval l'amène en place ; lorsqu'il est tournant comme un pont-levis, la manœuvre se fait par les hommes du jour. Une fois le bassicot posé sur le chariot, on l'attache à celui-ci par deux crochets placés en avant et on le détache du câble d'extraction ; puis le cheval entraîne le chariot et un autre vient à sa place, en reculant, amener un chariot portant le bassicot vide qui va descendre.

On comprend que toutes ces manœuvres, tant du bas que du haut, et l'ascension du bassicot elle-même, prennent beaucoup de temps ; aussi doit-on considérer comme maximum possible des mouvements de montée une quantité de deux cents par journée de dix heures pour une profondeur de 150 mètre ; le bassicot contenant environ $0^{mc},800$, cela correspondrait à 160 mètres cubes ; mais il faut tenir compte des pièces et compter environ 150 mètres cubes, ce qui correspond à 60 mètres cubes, abattus, et par suite à 30 mètres cubes ou 51 mètres cubes utiles suivant la proportion de schiste utile, ou à 69,000 ou 117,000 ardoises par jour ; ce dernier chiffre donnerait 2,500,000 par mois, c'est-à-dire le maximum indiqué plus haut.

Lorsque la profondeur devient considérable et atteint par exemple 300 mètres, il n'est certainement plus possible d'extraire, avec le mode d'extraction actuel, la quantité de pierre qu'un fonds souterrain peut produire.

Ainsi que nous l'avons dit plus haut, les bassicots sont reçus au jour sur des chariots. Le nombre des chariots nécessaires dépend des distances à parcourir avec le schiste utile à conduire aux fendeurs et avec le bourrier à déverser sur la halde ; chaque cheval peut transporter par jour de vingt-cinq à trente bassicots ou pièces, ce qui correspond à 10 ou 12 mètres cubes de schiste abattu ; les chevaux sont conduits par des gamins qui gagnent 1 fr. 50 par jour.

Comme personnel permanent nécessaire à l'extraction, il faut compter, outre les bassicotiers et les conducteurs, un sonneur en bas, deux hommes à la recette du jour qu'on appelle *conduiseurs*, puis un machiniste et un chauffeur.

Avec les données précédemment établies et en nous aidant des indications contenues dans la notice de M. Blavier, nous essayerons maintenant d'établir le prix de revient du schiste utile livré aux fendeurs.

Prix de revient de la méthode en descendant.

D'après M. Blavier, le prix de revient du mille d'ardoises s'établissait, pour l'ardoisière souterraine des Fresnais, dans trois années particulièrement bonnes (1858 à 1860), comme suit :

Main-d'œuvre	Fendeurs	4f 10	
	Ouvriers d'à-bas	2 65	9f »
	Ouvriers divers	2 25	
Matières	Pour l'exploitation	1 50	3 50
	Pour l'extraction	2 »	
Frais généraux			1 50
	Total		14 »

tandis que la moyenne des dix années 1850 à 1860 a été de 16 fr. 30.

Il est évident que, pour les salaires au moins, il y a eu augmentation depuis cette époque ; par conséquent, en adoptant certains des chiffres donnés par M. Blavier, nous resterons probablement en dessous des chiffres actuels ; dans tous les cas, nous obtiendrons ainsi les prix les plus bas correspondants à des conditions particulièrement favorables. Nous admettrons, d'ailleurs, que les 2 fr. 30 indiqués en plus par M. Blavier pour la moyenne des années 1850 à 1860 correspondent à des travaux préparatoires ou de premier établissement.

En admettant que le mètre cube de rocher utile donne 2,300 ardoises en moyenne, les chiffres de M. Blavier seraient les suivants :

Par mètre cube de matière utile

Main-d'œuvre	D'ouvriers d'à-bas	6f 10
	D'ouvriers divers	4 60
Matières	Pour l'exploitation	3 45
	Pour l'extraction	4 60
	Total	18 75

Nous avons établi plus haut un chiffre moyen de 3 fr. 55 pour le salaire d'abatage des ouvriers d'à-bas par mètre cube de matière brute ; en supposant un schiste donnant 66,66 p. °/₀ de matière utile comme moyenne correspondant aux chiffres de M. Blavier, nous aurons comme salaire d'abatage par mètre cube utile 3 fr. 55 + 1 fr. 77 = 5 fr. 32 ; en en déduisant 0 fr. 32 pour matières explosives, il reste 5 francs contre 6 fr. 10 donnés par M. Blavier pour la main-d'œuvre des ouvriers d'à-bas ; nous admettrons que 1 fr. 10 par mètre cube représentent la main-d'œuvre de chevillage et de décalabrage. Nous conserverons d'ailleurs pour les matières les chiffres donnés par M. Blavier et nous arriverons ainsi aux résultats suivants, selon la proportion de schiste utile par mètre cube ; nous supposerons quarante ouvriers à l'abatage produisant 1^{mc},300 chacun ; leur gain moyen serait 4 fr. 60 :

	52^{mc}	52^{mc}	52^{mc}
Production de schiste brut..			
Proportion de schiste utile..	50 p .°/₀ = 26^{mc}	66,66 p. °/₀ = 35^{mc}	80 p. °/₀ = 42^{mc}
Salaire d'abatage	3^f55 + 3 55	3^f55 + 1 77	3^f55 + 0 89
	7 10 } 8 60	5 32 } 6 52	4 44 } 5 44
Chevillage et décalabrage.....	1 50 }	1 20 }	1 » }
Manœuvres d'en bas, 1 pour 4^{mc} brut (13 à 3 fr. = 39 f)	1 50	1 12	0 93
Manœuvres d'en haut (45 à 3 fr. = 135 fr.)..........	5 10	3 86	3 20
Matières pour l'exploitation...	4 60	3 50	3 »
Matières pour l'extraction.....	6 »	4 50	3 80
Chevaux et conducteurs (6 à 5 fr. = 30 fr.)..........	1 15	0 86	0 71
Surveillance, etc., 10 francs..	0 38	0 28	0 24
Total......	27^f33	20^f64	17^f32

L'inspection de ces chiffres montre immédiatement l'importance de la proportion de schiste utile par mètre cube de matière abattue. Elle est telle, que, selon nous, dans les conditions actuelles de la vente, les exploitations qui n'ont que 50 p. °/₀ de matière utile doivent travailler à perte, d'autant plus que, comme nous l'avons dit, les prix établis ci-dessus doivent être des *minima*.

Méthode en remontant ou par gradins renversés.

M. Blavier disait dans sa Notice, en parlant de la méthode en descendant :

« Est-ce à dire que cette méthode soit le dernier mot que la science de l'ingénieur puisse prononcer sur le dépouillement économique des couches du centre d'Angers? Non, sans doute, mais ce n'est qu'avec une extrême réserve qu'il peut exprimer le désir de voir l'essai comparé d'un autre système, comme celui, par exemple, qui consisterait à dépouiller le gîte en remontant après l'avoir atteint à une grande profondeur, et en laissant dans le fonds de l'excavation ainsi produite une notable partie des matières stériles, qu'il faut aujourd'hui élever au jour et conduire aux hottoirs. »

Ce n'est, en effet, qu'avec beaucoup de réserve que l'exploitation en remontant a été essayée jusqu'à ces dernières années, où plusieurs ardoisières l'ont adoptée, sur nos conseils.

Le premier essai, non de la méthode en remontant proprement dite, mais d'une sorte de système mixte a été fait à l'Ardoisière des Grands-Carreaux. On avait poussé en descendant un fonds de 35 mètres sur 70 mètres et dont la voûte se trouvait à 140 mètres au-dessous de la surface. Les parois de cette chambre se tenaient mal, peut-être à cause de l'éboulement des deux grands fonds souterrains voisins, et on avait dû arrêter l'approfondissement lorsque l'on fut arrivé à 35 mètres au-dessous de la voûte. On ouvrit alors, au niveau le plus bas de l'ancienne chambre, dans le chef ouest de celle-ci, une avancée ou chambre nouvelle de 40 mètres de longueur et 35 mètres de largeur, sur 2 mètres de hauteur. Puis on fit, contre la paroi nord de cette avancée, une foncée en montant de 3^m,33 de hauteur, et quand cette foncée fut ouverte on procéda à l'abatage du gradin par coups de mine horizontaux. Lorsque le premier gradin fut suffisamment avancé vers le sud, on commença une deuxième foncée et un deuxième gradin, puis une troisième, etc.; et on avait toujours deux ou trois gradins en exploitation à la fois, comme le montre la coupe fig. 12, pl. III.

Une fois le schiste débité, les gros blocs étaient attachés au câble d'extraction et traînés sur le remblai jusqu'au-dessous du puits, puis extraits; les petits morceaux de bon schiste étaient chargés en bassicots, lesquels étaient amenés sous le puits sur une plate-forme roulant sur rails. Quant au bourrier, c'est-à-dire au mauvais schiste ou à celui en fragments trop petits, il était laissé en place et pour combler l'excédent de vide, ainsi que pour remblayer l'ancienne chambre prise en descendant, on jetait du remblai de l'extérieur par un gros tuyau placé dans le puits d'extraction. Le remblai se trouvait toujours à 2 ou 3 mètres au-dessous du gradin en travail et, par suite, à 5 ou 6 mètres en dessous de la voûte laissée après l'abatage de ce gradin. Nous n'avons jamais pu obtenir aucune donnée économique sur ce travail, qui s'est continué d'une manière irrégulière pendant huit ans et a été arrêté au moment où l'on commençait à monter au-dessus de l'ancienne voûte du fonds pris en descendant. Nous savons seulement que les exploitants éprouvaient beaucoup de difficulté à dégager les gros blocs, qui en tombant s'engageaient profondément dans les remblais. Mais un autre point a été acquis, fort important au point de vue de la sécurité. Aucun accident ne s'est produit par éboulement pendant tout le temps de l'exploitation ; on exerçait naturellement une surveillance très suivie. Mais il y a plus, et ce fait peut paraître plus étonnant *à priori;* depuis trois ans que l'exploitation est arrêtée, rien ne s'est détaché des gradins laissés tels que, lors de l'arrêt de l'exploitation ; un éboulement s'est produit, à la vérité, autour du puits d'extraction, mais cet éboulement doit être attribué surtout à l'énorme section du puits, qui a 13 mètres $\times$ 15 mètres au niveau de la voûte, et au voisinage duquel passent des délits très francs.

Actuellement, on travaille en remontant dans quatre ardoisières ; dans deux d'entre elles, celle de l'Hermitage et celle de la Grand'Maison, on s'est servi d'anciens fonds en descendant, qui ont été d'abord remblayés, puis on a entamé la voûte en remontant ; dans les deux autres, celle de La Forêt et celle du Pont-Malembert, on travaille, au contraire, dans les voûtes créées pour l'application de la méthode ; enfin, à l'ardoisière des Fresnais, on a préparé des travaux en remontant dans des conditions particulières.

Ardoisière
de
l'Hermitage.

A l'ardoisière de l'Hermitage, l'exploitation en remontant n'a point été poussée activement ; on n'y occupe que huit ouvriers d'à-bas. Les gradins ont 4 mètres de hauteur ; on n'en exploite qu'un à la fois. Une fois la foncée en montant préparée, on abat le gradin par des mines horizontales, distantes de $1^m,30$ environ et de $1^m,30$ de profondeur moyenne ; la profondeur varie suivant les délits que l'on rencontre. On charge les mines de quatre cartouches de dynamite. Le schiste abattu est extrait pour la majeure partie en gros blocs. Le remblai est jeté par un petit puits situé dans un des coins du fonds. On remblaie seulement lorsque le gradin est complètement enlevé, de manière que, pendant l'exploitation du gradin, la hauteur entre le remblai et la voûte derrière le gradin est de 6 à 7 mètres environ, c'est-à-dire assez considérable. Nous n'avons pas de données numériques sur cette exploitation ; nous savons seulement qu'un ouvrier peut alimenter cinq fendeurs, tandis que dans un fonds voisin de la même ardoisière, où l'on travaille en descendant, un ouvrier d'à-bas alimente au plus trois fendeurs ; en admettant 66,66 p. % de schiste utile, cette dernière production ne correspond qu'à 1 mètre de schiste brut abattu par ouvrier d'à-bas. Au contraire, dans le travail en remontant, chaque ouvrier d'à-bas abattrait $1^m,400$; la main-d'œuvre d'ouvrier d'à-bas par mètre cube utile étant de 3 fr. 55 dans la méthode en descendant, serait de 2 fr. 53 seulement dans la méthode en remontant. Il est évident, *à priori*, que la consommation de matières explosives doit être réduite dans une proportion notable.

A l'ardoisière de la Grand'Maison (fig. 1, pl. IV), on a également repris un ancien fonds en descendant pour y appliquer le travail en remontant. Ce fonds n° 2 *bis*, qui n'avait encore que 28 mètres sous voûte, se trouve dans une situation tout à fait particulière. Il avait été préparé autrefois en partant d'un puits (puits n° 2) situé sur son chef ouest et qui avait desservi auparavant un fonds souterrain n° 2 situé à un niveau supérieur dans ce même chef ouest ; ce dernier fonds formait avancée d'une découverture située au-dessus du fonds 2 *bis* ; enfin par le même puits un troisième fonds 2 *ter* avait été commencé à un niveau encore inférieur, mais situé en dessous du fonds 2. A la fin de l'année 1887, un gros éboulement de la partie de terrain située au-dessus du fonds 2 survint ; la voûte de l'avancée n° 2 s'écroula, le puits fut entièrement comblé et les machines et chaudières situées à la surface à l'ouest de l'avancée n° 2 furent entraînées dans l'éboulement. Les figures 1 et 1' montrent la situation dans ces divers fonds et du fonds n° 3. L'ardoisière se trouvait dans une position fâcheuse. Le fonds souterrain voisin n° 3 qui était arrivé à 80 mètres sous voûte et avait donné lieu à plusieurs éboulements, notamment sur la paroi nord (où l'on avait fait un décalabrage par l'eau), devait être arrêté ; un fonds n° 4 commencé en descendant ne paraissait pas devoir donner de bons résultats ; quant aux fonds 2 *bis* et 2 *ter*, ils n'étaient plus exploitables par le puits éboulé. C'est alors que l'on commença à examiner sérieusement la question de la méthode en remontant que l'on pouvait appliquer dans le fonds n° 4, facile à remblayer, puisqu'il n'avait qu'une hauteur de 6 mètres sous voûte. En outre, on songea à exploiter en remontant l'ancien 2 *bis* qui avait été partiellement comblé par le grand éboulement, et auquel on avait accès par une avancée ou galerie communiquant au fonds n° 3. On a effectivement commencé le travail dans les deux fonds, mais c'est surtout dans le fonds 2 *bis* qu'il s'est poursuivi activement.

La hauteur des gradins pris dans le n° 2 *bis* est de 3 mètres. On commence par préparer la foncée en montant, en profitant, si possible, de quelque chauve ; à égalité de délits, on a évidemment plus de facilité à faire la foncée en montant qu'en descendant, aidé qu'on est par la pesanteur ; cependant les ponts suspendus dont on s'est servi jusqu'ici ont rendu ce travail assez coûteux. Nous estimons que, dans un travail régulièrement mené, la foncée devra revenir, en montant, en moyenne à 1 franc de moins par mètre cube qu'en descendant.

Lorsque la foncée est préparée, le gradin s'abat toujours par des coups de mine horizontaux et les mineurs se tiennent, comme pour la foncée, sur des ponts qu'ils suspendent à des chevilles fichées dans la voûte.

Les coups de mine sont placés à environ 2 mètres les uns des autres et on leur donne une profondeur de 1 mètre à $1^m,30$, suivant l'épaisseur à abattre qui est commandée par les délits ; ils sont chargés de 400 grammes de dynamite n° 3 à peu près. On voit immédiatement par l'écartement des trous de mine combien l'action de la pesanteur facilite l'abatage. L'emploi de la dynamite n'est peut-être pas très rationnel ; elle produit un effet trop brisant aux environs des coups de mine et détériore le schiste dans une mesure beaucoup plus grande que la poudre.

Après le départ des coups de mine, la première chose à faire est le décalabrage ou nettoyage du chantier dans le voisinage des mines parties. Ce travail demande à être surveillé de près ; certains morceaux ébranlés par les coups de mine ne tomberaient que plus tard et quelquefois à l'improviste si on ne les abattait. Toutefois, dans cette méthode comme dans celle en descendant, on se sert de témoins pour voir si les fentes jouent : on y appose des suifs ou bien on taille exactement sur une petite surface les lèvres de la fente. Il peut devenir nécessaire aussi, lorsqu'un morceau est ébranlé, mais qu'on ne peut ou ne veut l'abattre immédiatement, de s'aider du boisage et pour cela il est important que la distance entre le gradin et le remblai ne soit pas trop grande.

Le tirage des coups de mine se fait, à la Grand'-Maison, à l'électricité ; en faisant partir 10 à 12 coups de mine on peut abattre un volume considérable qui peut aller facilement à 90 ou 100 mètres cubes. Cela représente donc un poids de 300 tonnes et l'on comprend qu'une pareille masse, tombant quelquefois d'une hauteur de 2 à 3 mètres, s'enfonce assez profondément dans le remblai. C'est, en effet, ce qui arrive, et le dégagement subséquent de ces blocs offre ensuite assez de difficulté. Nous croyons qu'on peut remédier à cet inconvénient en disposant, à l'avance, sous la partie à abattre, un petit tas de remblai dépassant le niveau général de un mètre, par exemple, qui se tassera sous la masse tombante et empêchera celle-ci de s'enfoncer dans le remblai d'une manière très sensible.

Les coups de mine séparent, en général, la masse qui tombe, suivant un plan sensiblement horizontal, et comme ici les inégalités de la voûte n'ont pas les mêmes inconvénients que celles du banc dans la méthode en descendant, l'opération du rangement des écots disparaît entièrement.

Le débitage ou l'alignage des blocs s'opère comme à l'ordinaire. Le fonds 2 bis de la Grand'Maison n'ayant pas de puits communiquant directement au jour, on extrait les produits par le puits du n° 3 où ils sont transportés en bassicot sur une plate-forme ; on a renoncé, pour le moment, à extraire de gros blocs qu'il serait cependant possible de charger sur des plates-formes pour les rouler jusqu'au n° 3. Nous croyons qu'au point de vue du rendement en ardoises il y a grand avantage à extraire en blocs tout ce qui est franchement en bon rocher, tandis qu'il paraît préférable de débiter en morceaux plus petits ce qui ne l'est pas, pour laisser dans le fond tout le bourrier ou mauvaise pierre ; la méthode en remontant donne d'ailleurs plus de gros blocs que la méthode en descendant, ce qui pouvait se prévoir.

Si nous examinons maintenant l'abatage du gradin dans son ensemble, nous voyons qu'à part la facilité évidente de l'abatage lui-même, les opérations si longues et si coûteuses du rangeage des écots et de la coupe disparaissent complètement, celle du renversement disparaît en partie. On comprend qu'il soit inutile de couper à l'outil les chefs, dont la hauteur ne dépassera jamais 5 ou 6 mètres et qui seront bientôt noyés dans le remblai.

En dehors du travail de la foncée ou de l'abatage du gradin, il n'y a presque pas de mineurs ou ouvriers d'à-bas occupés ; au fonds de la Grand'Maison, comme du reste à celui du Pont-Malembert où le puits d'extraction ne se trouve pas directement au-dessus de la chambre souterraine, on doit relever, au fur et à mesure que le travail remonte, l'avancée ou galerie qui fait communiquer la chambre avec le puits. La production par ouvrier mineur est sensiblement plus forte dans la méthode en remontant que dans celle en descendant ; à la Grand'-Maison on a obtenu pour les six derniers mois de l'année 1889 un rendement de 1^{mc},400 par ouvrier mineur, tandis que dans la méthode en descendant on n'arrive qu'à une moyenne de un mètre cube. Il faut tenir compte de ce que la méthode en remontant n'est pas encore entrée dans les habitudes des ouvriers, qui arriveront certainement à produire davantage ; il faut tenir compte également de ce que le travail n'était pas jusqu'ici bien commode dans la chambre de la Grand'Maison, vu le retard du remblai que l'on devait introduire non seulement pour remplir le vide creusé par l'abatage, mais encore le vide de l'ancienne chambre prise en descendant.

Nous admettons que, par ouvrier d'à-bas, la production doit arriver à 1^{mc},660 au moins par jour ; dans un fonds de 40 mètres de longueur entre chefs, on pourra occuper trente ouvriers d'à-bas avec un seul gradin en abatage et la foncée en préparation. Cela donnerait par conséquent une production de 1^{mc},660×30=49^{mc},800 ou 50 mètres cubes environ. Le même schiste, qui en descendant donnerait 0^{mc},660 de matière utile par mètre cube brut, donnera certainement en montant 0^{mc},700 au moins parce qu'on évite les pertes résultant du rangement des écots et de la coupe. Par conséquent, les 50 mètres cubes bruts donneront 35 mètres cubes de matière utile. Si l'on peut extraire en grosses pièces, nous sommes convaincu que le mètre cube de schiste

utile donnera plus de 2,300 ardoises en moyenne : mais
admettons ce chiffre seulement ; nous arriverons alors
à la production de 2 millions d'ardoises par mois (1).
Remarquons en passant que, dans ces conditions, la
largeur de la chambre entre parois qui, dans la méthode
en descendant, avait une grande importance à cause du
nombre de bancs qu'on pouvait travailler simultanément, n'a plus, pour ainsi dire, aucune importance ici ;
elle en a seulement en ce sens que, plus elle sera grande,
moins souvent on aura à faire une nouvelle foncée et
inversement.

Nous avons indiqué plus haut que le puits n° 2 s'était
éboulé ; on s'est servi de cette circonstance pour introduire le remblai par la voie de cet éboulement ; on le
jette à la surface et on le retire au bas de l'ancien puits
par l'ouverture du chef ouest de la chambre 2 *bis*, qui
communique avec le puits, ouverture que l'on remonte
au fur et à mesure. Ce système peut paraître économique
à *priori*, mais nous croyons qu'il ne l'est pas en définitive ; d'une part, il y a chargement et déchargement du
remblai en haut et en bas ; d'autre part, lorsqu'il vient
des pluies, le remblai se mouille complètement et forme
une masse de boue difficile à travailler. A moins d'avoir
un petit puits spécial pour le remblayage comme à
l'Hermitage, où le remblai jeté peut être retiré au fur
et à mesure par le bas, nous pensons qu'il y a avantage
à charger franchement le remblai par en haut, à le descendre par la machine et à l'amener en place dans la
même benne ou le même bassicot, lorsque cela est
possible.

Le fonds de la Grand'Maison est éclairé à l'électricité

(1) Le fonds n° 2 bis de la Grand'Maison qui a seulement
35 mètres entre chefs et 30 mètres entre parois a donné en
avril 1890 un million huit cent mille ardoises, avec 25 ouvriers
d'à-bas.

et, presque plus encore que dans la méthode en descendant, on apprécie cette belle lumière qui permet, surtout si on la dirige vers la voûte, de distinguer jusqu'au moindre délit. Toutefois, une modification sera utile ici ; il vaudra mieux employer deux ou plusieurs foyers de puissance moindre qu'un seul d'une puissance aussi grande que celle des lampes des fonds pris en descendant, d'autant plus qu'un seul foyer projette des ombres qui empêchent de voir également bien partout. L'éclairage coûtera donc à peu près le même prix absolu que dans la méthode en descendant, mais il y aura certainement économie parce que les frais se répartiront sur une production plus forte.

La surveillance de la chambre, au point de vue de la sécurité, bien plus facile que celle des chambres prises en descendant, est continue ; un surveillant spécial ne fait pas autre chose toute la journée qu'examiner les divers points de la voûte et signaler les délits qui ont pu jouer et les points où un décalabrage peut devenir nécessaire. Quant aux parois, qui n'ont qu'une hauteur maxima de 5 à 6 mètres, elles n'exigent, pour ainsi dire, aucune surveillance. Il est évident, *à priori*, qu'une grande économie doit résulter pour la méthode en remontant sur celle en descendant du moindre entretien des chambres.

L'extraction, lorsqu'elle peut se faire en majeure partie en pièces, exigera certainement moins de manœuvres en bas ou de bassicotiers, parce que les pièces sont attachées par les ouvriers mineurs eux-mêmes ; cependant, cette économie peut être compensée par le roulage des pièces jusqu'au point où le câble d'extraction peut les prendre. Mais toute la matière inutile restant en bas, l'extraction de schiste utile gagnera d'autant plus en rapidité que la proportion de mauvais schiste est plus grande. Il va de soi qu'il y aura également d'autant plus d'économie sur la méthode en descendant, pour toutes les matières servant à l'extraction, le charbon, le graissage, puis la main-d'œuvre des mécaniciens, etc. L'une des principales économies résulte pour la méthode en remontant, de la suppression du transport, au jour, des matières inutiles jusqu'aux haldes ; on peut compter qu'il faut à peu près la moitié du nombre de chevaux et de conducteurs, trois suffiront là où il en fallait six dans la méthode en descendant, pour un fonds dans des conditions moyennes.

Reste la question des remblais ; le coût en varie naturellement avec la proportion de schiste utile ; on peut admettre que le schiste mauvais laissé dans le fonds a un foisonnement de 50 p. %, au moins du cube abattu, après tassement ; par conséquent, on aurait à introduire par mètre cube utile abattu :

à raison de 50   p. % de matière utile.. $0^{mc},500$
—   66,66 p. %   —   .. $0^{mc},750$
—   80   p. %   —   .. $0^{mc},900$

Les exploitants admettent que le mètre cube de remblai revient à 0 fr. 50 ; nous supposons 0 fr. 80, ce qui donne donc : 0 fr. 40 ; 0 fr. 60 ou 0 fr. 75 par mètre cube utile abattu.

Ardoisière de Pont-Malembert.

Nous ne dirons que quelques mots de l'exploitation peu importante de Pont-Malembert. Le puits d'extraction avait été foncé d'abord jusqu'à 80 mètres, et on avait essayé d'ouvrir à ce niveau une chambre en descendant ; le schiste se trouvant de qualité médiocre et ne promettant pas un travail rémunérateur, on se décida à approfondir le puits jusqu'à 140 mètres et à essayer ensuite la méthode en remontant. Le terrain de cette ardoisière est très restreint ; de plus, le schiste est mauvais

à l'est du puits et jusqu'à 5 à 6 mètres à l'ouest. C'est
donc à l'ouest et à environ 6 mètres que l'on a ouvert
une chambre qui n'a que 30 mètres dans le sens de la
longueur, entre chefs, et en moyenne 20 mètres entre
parois. La préparation de la voûte a été terminée en
septembre 1888, et on s'est élevé depuis lors jusqu'au
niveau de 112 mètres. Les gradins ont eu une hauteur
variable entre 3 mètres et 4 mètres. Le nombre des
ouvriers d'à-bas a été de 25 en moyenne. Le travail
s'exécute d'une manière analogue à celle de la Grand'-
Maison ; cependant on ne suspend pas de ponts à la
voûte, les ouvriers se mettent sur des échafaudages
transportables. On s'éclaire avec de simples lampes à
huile. La proportion de schiste utile est faible. Malgré
ces conditions défavorables et un transport considérable
du schiste à l'extérieur, nécessité par l'éloignement des
chantiers de fente, nous croyons savoir que les exploitants, qui ont produit environ 1,200,000 ardoises par
mois avec ce fonds, gagnaient, avant le récent abaissement des prix de l'ardoise, à peu près 5 à 6 francs par
mille, tandis qu'autrefois, avec un fonds en descendant
voisin, de dimensions plus considérables, on produisait
moins et on perdait 1 franc par mille.

L'ardoisière de La Forêt n'est pas située dans le voisinage immédiat d'Angers, comme les autres ardoisières dont nous avons parlé. Elle se trouve à l'ouest du
département de Maine-et-Loire, dans l'arrondissement
de Segré. Le schiste fissile ne paraît pas former, dans
cette partie du département, des veines aussi nettes
qu'à Trélazé. Les travaux de reconnaissance exécutés
par l'ardoisière de La Forêt ont fait constater le schiste
fissile sur une épaisseur de plus de 200 mètres ; mais,
sur cette épaisseur, il y a bien des passées mauvaises,
des feuilletis, des quartz, des torsins. De plus, les

divers délits dont nous avons parlé sont beaucoup plus nombreux qu'aux environs d'Angers, et les chauves notamment, paraissent très développées. Il en résulte que le rocher forme fréquemment ce qu'on appelle des *cœurs*. A l'ardoisière de **La Forêt** même, un pareil cas existait dans la voûte de l'ancien fonds n° 1, où l'on avait travaillé en descendant. On remblaya plus tard la chambre et on essaya de la reprendre en remontant ; c'est alors qu'on reconnut l'existence d'une chauve verticale à 15 mètres de la paroi nord environ, et d'une rembrayure entrant dans cette paroi juste au-dessus de l'ancienne voûte. On reconnut bientôt qu'un mouvement de descente se produisait dans la masse, et ce mouvement, facilité par l'existence d'un torsin qui traversait l'extrémité nord-est de la chambre, aboutit à l'éboulement complet de la masse triangulaire sur une hauteur allant jusqu'à 20 mètres. On dut abandonner ce travail par la suite et, étant donnée la fréquence des délits dans le schiste, on s'est décidé à appliquer la méthode en remontant dans des chambres de dimensions restreintes, mises en communication avec le puits d'extraction par des galeries ou avancées. Le travail est encore dans la période préparatoire ; le plan (fig. 14, pl. III) montre à peu près sa situation actuelle. L'extraction s'est faite, pendant toute la période préparatoire, par un petit puits de 2 mètres sur 2 mètres seulement, destiné primitivement à la descente des ouvriers, tandis que, plus tard, l'extraction du schiste utile et la descente des remblais doivent s'opérer par le puits d'extraction de l'ancien fonds n° 1, lequel puits a été relevé dans les éboulements. Il est probable que la situation de ce puits créera encore des difficultés aux exploitants, et il eût été préférable de foncer un nouveau puits, à dimensions plus restreintes.

Quoi qu'il en soit, voici comment les exploitants de

l'ardoisière de La Forêt projettent actuellement de conduire le travail. Des chambres, dont la largeur entre parois ne dépassera pas 16 à 17 mètres, et dont la longueur dépendra des circonstances locales, notamment des feuilletis ou torsins, seront ouvertes à droite et à gauche d'une galerie principale recoupant le schiste en travers; le nombre des chambres n'est pas encore déterminé, mais on ira peut-être jusqu'à une surface totale de 10,000 mètres carrés, correspondant à une dizaine de chambres. Entre les chambres, on ménagera des bardeaux séparatifs de 5 à 6 mètres d'épaisseur au moins.

Jusqu'ici, on n'a fait qu'ouvrir les voûtes d'une partie de ces chambres et enlever, dans certaines, un premier gradin de 3 mètres de hauteur, de manière que leur hauteur maxima est de 6 à 7 mètres. Voici maintenant la manière dont on compte conduire le travail courant :

En principe, chaque chambre communiquera avec la galerie principale (ou avec une chambre précédente), par deux petites galeries ou avancées de 3 mètres de largeur, perçant le bardeau, l'une près de la paroi nord, l'autre près de la paroi sud de la chambre. La galerie principale de 3 mètres de largeur présentera deux niveaux de roulage, à 3 mètres l'un au-dessus de l'autre, le niveau inférieur destiné au roulage du schiste vers le puits d'extraction, le niveau supérieur au roulage des remblais venant de ce puits. Par suite, dans le courant de l'exploitation, le travail sera dans les conditions représentées par le plan et les coupes (fig. 14, pl. III) passant la première en un point de la longueur de la chambre, la deuxième par la galerie principale et montrant les galeries ou avancées qui la font communiquer avec la chambre.

L'abatage du schiste s'opère toujours comme nous

l'avons indiqué précédemment ; il est facilité à La Forêt par la présence des nombreuses chauves qui augmentent naturellement aussi les chances d'accidents.

Les voûtes sont préparées de la manière suivante : Après avoir tracé la galerie ou avancée en direction, qui a à peu près 2 mètres sur 2 mètres, on élargit cette avancée jusqu'à 4 mètres et on la monte en hauteur jusqu'à $4^m,50$ à peu près. La veine présentant une inclinaison sur la verticale vers le nord, on fait ensuite un havage à coups de mine dans les parois de l'avancée, au haut de l'avancée dans les parois du nord, au bas dans la paroi sud. Ces coups de mine ont une longueur de 1 mètre environ et s'écartent jusqu'à $0^m,30$ de la paroi. On fait ainsi deux ou trois séries de mines pour obtenir un havage suffisant ; ensuite on fait, du côté nord, des mines au bas de la paroi ou mines à lever, et, du côté sud, des mines au haut de la paroi ou mines à rabattre, et on obtient ainsi le schiste havé, en blocs de 3 mètres de hauteur à peu près. On ne perd donc que $0^m,80$ à 1 mètre d'épaisseur de schiste, tandis que, lors de la façon des anciennes voûtes, tout était perdu. La façon de la voûte par ce procédé est naturellement bien moins chère ; on la paie 13 francs le mètre carré, une fois l'avancée faite ; les avancées sont payées à raison de 13 francs le mètre cube en direction et 11 francs en travers, explosifs et éclairage au compte des ouvriers, le tout pour une section de 2 mètres sur 2 mètres. D'après ces prix, une voûte de 16 mètres de largeur seulement entre parois reviendrait à 16 francs le mètre carré à peu près ; pour 40 mètres de largeur le prix s'abaisserait à 14 francs environ.

L'extraction s'est opérée jusqu'ici à l'ardoisière de La Forêt, ainsi que nous l'avons dit, par un petit puits de 4 mètres carrés seulement. Ces dimensions restreintes n'ont pas empêché d'extraire des blocs de dimensions

considérables ; pour cela, la chaîne à laquelle s'attachent
ou les pièces ou les bassicots est surmontée d'une sorte
de bâti horizontal, portant deux petites poulies qui
roulent le long de deux câbles guides. De cette manière,
les oscillations qui se produisent avec le seul billon de
conduite ne peuvent plus avoir lieu et cela démontre
qu'on peut avoir, dans ce système d'exploitation, des
puits de dimensions beaucoup plus restreintes. Dans les
chambres, les gros blocs sont manœuvrés au moyen de
treuils à main et d'un câble, et chargés sur des plates-
formes sur lesquelles on les amène au puits.

L'éclairage, avec ces diverses chambres de dimensions
restreintes, exigera naturellement une série de lampes
électriques de pouvoir moindre.

Il est certain que l'exploitation par petites chambres,
nécessitée par la nature du schiste à La Forêt, sera plus
coûteuse que celle par grandes chambres. Le système
des deux étages de roulage, l'un pour le schiste, l'autre
pour les remblais, peut offrir certaines difficultés et
l'enlèvement du schiste abattu qui se fera constamment
sous le gradin en exploitation peut offrir quelques dangers. L'expérience seule peut prononcer à cet égard ;
d'après les résultats obtenus jusqu'à présent, les exploitants pensent cependant arriver à un prix de revient de
12 francs par mètre cube utile.

Il nous reste à parler du travail en remontant, préparé à l'ardoisière des Fresnais. Là, on a érigé en système l'exploitation que les circonstances avaient fait
adopter aux Grands-Carreaux et dont nous avons parlé
plus haut. A cet effet, après avoir foncé deux puits à
60 mètres de profondeur, on a ouvert deux chambres
ayant une largeur de 40 mètres entre parois et une longueur variable entre chefs, augmentant depuis 12 mètres
à la paroi nord jusqu'à 16 mètres au milieu et diminuant

Ardoisière
des Fresnais.

de nouveau jusqu'à 15 mètres à la paroi sud ; la section horizontale ressemble, de cette manière, à celle d'un bateau ; le but du rétrécissement vers les parois est de donner plus de solidité à celles-ci. Comme la veine a une assez forte inclinaison, la section horizontale s'est déplacée en descendant, suivant cette inclinaison, et les chambres qui ont été approfondies jusqu'à 105 et 100 mètres ont l'aspect représenté par les fig. 13 et 13', pl. III. Si le schiste avait continué à être bon, l'intention des exploitants était d'approfondir encore plus ces chambres pour, ensuite, faire latéralement, dans l'un des chefs, une avancée ayant la largeur des chambres elles-mêmes ; dans cette avancée, le travail doit être exécuté en remontant, comme il l'a été aux Grands-Carreaux, et tout le vide, tant de l'avancée que de la chambre prise en descendant, doit être remblayé au fur et à mesure que l'on remontera. Afin de consolider les parois et d'éviter autant que possible les chutes plus tard, on a mis de dix à douze chevilles par mètre de hauteur dans les parois ; de plus, pour permettre une surveillance plus facile des points peu solides, on y a installé des ponts fixes auxquels on accède par des échelles également fixes.

Les exploitants n'ont pas encore préparé les avancées qui doivent servir au travail en remontant ; ce travail se trouvera dans des conditions semblables à celles du travail exécuté aux Grands-Carreaux ; nous n'y insisterons donc pas davantage ici, mais nous le comparerons, au point de vue économique et au point de vue de la sécurité, aux autres systèmes.

Prix de revient de la méthode en remontant.

Les données que nous avons pour établir le prix de revient du mètre cube de schiste utile dans la méthode en remontant ne proviennent pas encore d'une période d'exploitation assez longue pour que l'on puisse les considérer comme termes moyens pour l'avenir. L'inexpérience dans l'application de cette méthode et les tâtonnements inévitables dans les commencements nous conduisent, dans tous les cas, à penser que les prix que nous allons indiquer seront des maxima, en admettant même des imprévus. Étant admis une production de $1^{me},660$ par ouvrier d'à-bas et le même salaire journalier moyen que plus haut, c'est-à-dire 4 fr. 60, le mètre cube brut coûtera, de salaire d'ouvrier d'à-bas, 2 fr. 75. Nous comptons en dehors une petite somme pour décalabrage, bien que cette opération doive déjà, d'après nous, être comprise dans le prix de 2 fr. 75.

Comptant le coût du remblai séparément, il est certain que les salaires pour manœuvres dans le fonds seront sensiblement plus bas que dans la méthode en descendant ; la réduction de ce chef va en augmentant, à mesure que la proportion de schiste utile diminue, parce qu'on a d'autant moins à charger en bassicots.

L'économie sur les manœuvres d'en haut et les chevaux est considérable, de même que celles sur les matières servant à l'extraction ; nous n'en admettons qu'une petite sur les matières pour l'exploitation proprement dite, malgré la diminution évidente de la consommation en explosifs, de l'usure des outils, etc.

Pour ce qui concerne le remblai, nous admettons que le schiste abattu et laissé dans le fonds donne, après tassement, un foisonnement de 50 p. % de son volume en place. Nous admettons aussi que le mètre cube de remblai mis en place reviendra à 0 fr. 80. Dans ces conditions, nous aurons ce qui suit :

PROPORTION de SCHISTE utile	RESTE DANS LE FONDS par MÈTRE CUBE ABATTU		REMBLAI A INTRODUIRE		COUT du REMBLAI par MÈTRE CUBE utile
	en place	après foisonnement	par MÈTRE CUBE abattu	par MÈTRE CUBE utile	
50 °/o	0mc,500	0mc,750	0mc,250	0mc,500	0f, 40
66,66 °/o	0mc,333	0mc,500	0mc,500	0mc,750	0f, 60
80 °/o	0mc,200	0mc,300	0mc,700	environ 0mc,900	0f, 75

En appliquant ce qui précède, nous obtiendrons les prix de revient suivants pour la méthode en remontant, telle qu'elle est appliquée, par exemple, à la Grand'-Maison :

	50°/o	66, 66°/o	80°/o	
Proportion de schiste utile............				Production par ouvrier d'à bas : 1mc, 060, ce qui, à raison de 3 fr. 75c., donne un salaire journalier moyen de 4 fr. 60 c.
Salaire d'abattage par mèt. cube brut.	2f 75	2f 75	2f 75	
Salaire d'abattage par mèt. cube utile.	5, 50	4, 10	3, 50	
Décalabrage, etc....................	0. 50	0, 30	0, 20	
Manœuvres d'à bas..................	1, 00	0, 90	0. 80	
Manœuvres d'en haut et chevaux......	3. 00	2, 50	2, 00	
Matières pour l'exploitation...........	4, 00	3, 00	2, 50	
Matières pour l'extraction............	3, 00	3, 00	3, 00	
	17, 00	13, 80	12, 00	
Remblai...........................	0, 40	0, 60	0, 75	
Total par mètre cube utile...	17, 40	14, 40	12, 75	

Ces chiffres sont certainement des maxima et nous croyons que, dans la pratique, on devra rester sensiblement au-dessous. En effet, à l'ardoisière de la Grand'-Maison par exemple, le prix de revient du mètre cube de schiste utile, dans le deuxième semestre 1889, n'a pas dépassé 16 francs, en y comprenant les frais de tous les travaux faits en dehors de l'exploitation régulière du fonds n° 2 *bis*, c'est-à-dire les travaux de remblayage du fonds n° 3, la mise à jour du remblai du n° 2 *bis* lui-même, etc.

Dans une exploitation comme celle de l'ardoisière de La Forêt, où il faut percer et relever successivement de nombreuses galeries, le prix de revient du mètre cube sera certainement plus élevé que dans les chambres qui ont un puits à leur voûte ou à peu de distance de leur paroi ; mais, même dans ces conditions, nous estimons que , si le travail marche régulièrement , le prix de revient ne devra pas dépasser 15 francs par mètre cube de schiste utile.

Rapprochons maintenant les prix de revient établis pour le mètre cube de matière utile dans les deux méthodes et appliquons-les au mille d'ardoises , en admettant toujours que le mètre cube donne , en moyenne deux mille trois cents ardoises. Nous admettons aussi que le prix moyen de fabrication de l'ardoise soit de sept francs par mille. Quant aux frais généraux, dans lesquels sont compris les frais de transport aux gares, nous admettons partout un chiffre uniforme de deux francs par mille. Il est évident que ce chiffre sera essentiellement variable avec la production , et nous croyons qu'à cet égard encore la méthode en remontant offrira un avantage sérieux sur celle en descendant, en permettant une plus forte production avec un nombre de chantiers plus restreint.

Nous arrivons ainsi aux chiffres suivants :

	MÉTHODE		MÉTHODE		MÉTHODE	
	en descendant	en remontant	en descendant	en remontant	en descendant	en remontant
Proportion de schiste utile.....	50 %	50 %	66,66 %	66,66 %	80 %	80 %
Prix de revient du mètre cube de schiste utile...........	27f, 33	17f, 40	20f, 64	14f, 40	17f, 32	12, 75
Prix de revient du mètre cube par mille ardoises.........	11,88	7,50	9,00	6,25	7,33	5. 55
Frais généraux	2,00	2,00	2,00	2,00	2,00	2,00
Frais de fabrication..........	6,50	6.50	6,50	6,50	6,50	6,50
	20,38	16,00	17,50	14,75	16,03	14,05

On voit donc, d'une part, qu'avec le prix de vente actuel, dont la moyenne par mille ne doit pas dépasser dix-neuf à vingt francs au maximum, les exploitations en descendant qui n'ont pas un schiste de bonne qualité doivent travailler à perte ; d'autre part que les exploitations en remontant qui auraient un schiste à 50 % de matière utile seulement produiraient à peu près à aussi bon compte que celles en descendant qui auraient un schiste à 80 % ; enfin, que la différence entre le prix de revient du mille d'ardoises dans la méthode en descendant et celle en remontant semble varier depuis deux francs jusqu'à quatre francs, suivant que la proportion du schiste utile varie de 80 à 50 %.

Nous répétons encore que les prix établis pour la méthode en descendant sont certainement des minima, ceux pour la méthode en remontant des maxima. La conclusion qui s'impose immédiatement, c'est que, dans la méthode en remontant, on peut exploiter des schistes ayant une proportion de matière utile trop faible pour pouvoir être exploités utilement dans la méthode en descendant, conclusion que l'expérience a déjà confirmée, notamment à l'ardoisière de Pont-Malembert. Cela permet donc, dès à présent, de compter sur une plus grande réserve de schiste exploitable ; peut-être cela permettra-t-il de reprendre certaines exploitations abandonnées à cause de la trop faible proportion de schiste utile.

Il nous reste à parler de la méthode mixte des Fresnais au point de vue économique. Nous prendrons les dimensions mêmes des deux chambres exécutées aux Fresnais, c'est-à-dire à peu près 36 mètres de largeur entre parois et 15 mètres de longueur moyenne entre chefs, avec une hauteur de 100 mètres sous voûte.

Voici quels sont les frais d'exploitation effectifs au chantier :

Foncée sur 4 mètres de hauteur à dix francs le mètre carré, pour 64 mètres carrés. . . . . . 640^f, »

Abatage [surface $(36 \times 15 - 16) = 524] \times 4^m = 2,096$ mètres cubes à $2^f,75$ . . . . 5,764 »

Coupe (25 francs sur 4 mètres de hauteur) 72×25 . . . . 1,800 »

ENSEMBLE . . . . . 8,204 »

Cube abattu 2,096 mètres, moins, de la coupe, $30^{mc} = 2,066^{mc}$, donc coût par mètre cube brut : $\dfrac{8.204}{2.066}$ . . . . 4^f, » environ.

Chevillage 250 francs par banc ou 2,066 mètres 0 15

Ponts et échelles, autant 0 15

TOTAL. . . . . . 0^f 30

En admettant qu'il y ait même 85 °/₀ de matière utile,

on a par mètre cube de matière utile 5 francs à peu
près.

Or, nous avons trouvé, même avec 80 °/₀ de matière
utile seulement, un prix de revient par mètre cube utile
de 3 fr. 70 pour la période en remontant (pour abatage
et décalabrage) ; par conséquent, le travail en descendant exécuté dans les chambres des Fresnais coûte en
plus que celui en remontant :

Pour abatage et décalabrage par mètre cube . $1^f,30$
Pour le chargement et l'extraction, nous comp-
terons seulement en plus . . . . $0^f,70$

Ensemble. . . . . . $2^f,00$

par mètre cube, cela donne :

84 °/₀ de 54,000 ou 46,000 mètres cubes, 92,000 fr.
A cela il convient d'ajouter le remblai à introduire à
la place des 15 °/₀ de matière inutile extraite.
Or, le cube total de la chambre est de :

$$15 \times 36 \times 100 = 54,000$$
$$\text{dont } 15 \text{ °/₀} = 8,100$$

qui par foisonnement auraient donné 12,000 mètres
cubes de remblai environ ; c'est donc cette quantité qu'il
faut introduire, ce qui, à raison de 0 fr. 80, fait une
dépense de 10,000 francs environ.

On arrive donc à un surplus de dépense de 100,000 fr.
au moins. Il convient d'en déduire la différence entre
les frais de premier établissement dans les deux systèmes :

Système mixte 60ᵐ de puits (5ᵐ × 3ᵐ) à
800 francs. 48,000ᶠ
540ᵐ² de voûte à 25 francs 13,500ᶠ

Ensemble 61,500ᶠ

Système en remontant 160^m de puits (4^m × 2^m)
à 500 francs   80,000
   540^{m²} de voûte à 16 francs.   8,100
ENSEMBLE.   88,100

soit en plus, dans ce dernier cas, 27,000 francs environ.
En déduisant cette somme des 100,000 francs de plus
haut, il reste 73,000 francs en plus pour le système
mixte. Il est vrai que le commencement de l'exploitation est retardé dans la méthode en remontant, mettons
de deux ans pour le fonçage de 100 mètres de puits ;
mais même en tenant compte des intérêts du capital
d'établissement pendant ce temps, il restera toujours
un avantage de 65,000 francs au moins pour le système
en remontant.

Cela nous amène à conclure que le système mixte
est inférieur au point de vue économique, au système
en remontant ; nous verrons de même qu'il doit lui être
inférieur au point de vue de la sécurité.

Nous nous proposons, dans cette seconde partie,
d'examiner les conditions de résistance et de sécurité
que peuvent offrir les chambres souterraines des ardoisières, en nous aidant de quelques considérations théo-
riques et des données de l'expérience d'un grand
nombre d'années.

Conditions de résistance et de sécurité des ardoisières souterraines.

Dans les chambres créées par l'ancienne méthode en
descendant, il y a deux choses à considérer au point de
vue de la sécurité, la voûte et les parois, en distinguant,
dans ces dernières, les *parois* proprement dites, c'est-à-
dire les surfaces limitant les chambres au nord, au sud,
et les *chefs*, c'est-à-dire les surfaces est et ouest.

Méthode en descendant

Examinons d'abord la voûte. On peut la considérer
dans son ensemble, depuis le plafond de l'excavation

jusqu'au haut du rocher solide qui le surmonte, et aussi dans une partie de sa hauteur seulement.

La voûte, dans son ensemble, pour ne pas s'ébouler. doit résister d'une part au cisaillement le long des surfaces verticales qui surmontent son périmètre, d'autre part à la flexion ou à l'arrachement. Nous ne nous occuperons pas d'abord des délits.

M. l'Inspecteur général des mines Tournaire, dans son étude sur la stabilité des excavations souterraines (1). a établi la condition suivante pour l'équilibre du toît des galeries :

$$\frac{\alpha \times S}{K} + F \times P \times H > S \times D \times H.$$

φ étant la résistance des piliers à l'écrasement par mètre carré,

S la surface totale des travaux souterrains.

$\frac{1}{K}$ rapport de la section totale des piliers à la surface S,

F résistance au cisaillement par mètre carré,

P pourtour de la surface S,

H hauteur de la surface au-dessus du ciel de l'excavation,

D densité moyenne de la masse de recouvrement.

Pour les ardoisières, il n'y a lieu de se préoccuper que des voûtes, puisqu'il n'y a pas de piliers et qu'il n'y a point à craindre l'écrasement des parois.

La formule devient donc simplement :

$$F \times P \times H > S \times D \times H$$
$$\text{ou} \qquad F \times P > S \times D$$

(1) *Annales des Mines*, 3e livraison 1884.

Prenons toujours une voûte de 40 mètres sur 40 mètres, comme celles considérées au point de vue économique. Nous aurons :

$$P = 4 \times 40 = 160$$
$$S = 40 \times 40 = 1,600$$
$$D = 2,800$$

d'où $F > \dfrac{1.600 \times 2.800}{160}$ ou > 28.000 kilos.

Grâce à la complaisance de la Commission des ardoisières d'Angers, nous avons pu exécuter, à son atelier, quelques essais sur la résistance au cisaillement du schiste ardoisier. Ces essais n'ont pu être exécutés que sur des pièces de très petites dimensions, avec un appareil destiné à exercer des pressions considérables ; les chiffres obtenus n'ont donc qu'une valeur relative, mais suffisante cependant pour l'application que nous voulons en faire.

On peut admettre, d'après ces essais, que la résistance au cisaillement du schiste posé sur champ, c'est-à-dire avec la fissibilité debout, comme elle l'est à peu près dans les fonds, est la suivante, par centimètre carré, la pression s'exerçant verticalement ou horizontalement et parallèlement à la fissilité :

	Veine du sud	Veine du nord.
Plans verticaux perpendiculaires à la fissilité (chefs) et plans horizontaux.	de 450 à 500 k.	de 440 à 460 k.
Plan de fissilité	50 kilos.	50 kilos.
Moyenne environ	250 kilos.	250 kilos.

La résistance au cisaillement dans le plan de la fissilité, n'a pu être déterminée que pour la veine du nord ; elle paraît moins forte dans la veine du sud. Il est à remarquer que, malgré cette résistance encore assez forte de 50 kilos par centimètre carré, il suffit de laisser tomber à plat, d'une hauteur de deux centimètres, un morceau de deux centimètres carrés de section, pour qu'il se casse net, suivant le plan de fissibilité ; le choc change donc complètement les conditions de la résistance.

Il est à noter de même que nous avons trouvé une différence peu considérable entre la résistance au cisaillement des surfaces verticales et des surfaces horizontales perpendiculaires à la fissibilité ; l'expérience montre que sous l'influence des chocs, le schiste se divise ou, comme on dit dans le pays, se *querne* très aisément, suivant une surface à peu près horizontale, tandis qu'il ne se querne pas bien suivant une surface à peu près plane verticalement.

La différence de la résistance ou cisaillement pour les deux veines du sud et du nord a également été trouvée peu considérable ; cela paraît d'autant plus singulier que, pour la résistance à la flexion et celle à l'écrasement, M. Pierre Larivière, qui a fait des expériences très exactes (1), a trouvé 1/5 environ en moins pour la veine du nord.

Nous voyons donc que, dans la formule ci-dessus, F aurait pour valeur au moins 2,500,000, c'est-à-dire qu'il représenterait quatre-vingt-dix fois la valeur du deuxième membre de l'inégalité.

Si nous examinons maintenant quelle serait la résistance au cisaillement qu'offrirait une tranche de la voûte de un mètre d'épaisseur, nous trouvons :

$$1,600 \times 2,500^t = 4,000,000 \text{ tonnes.}$$

(1) Note sur la résistance du schiste ardoisier d'Angers, par M. A. Bluvier, d'après les expériences de M. Pierre Larivière. Angers, Lachèse et Dolbeau, 1888.

Or, une tranche d'un mètre d'épaisseur pèse :

$$1,600 \times 2^t,8 = 4,480 \text{ tonnes.}$$

Par conséquent, une tranche de voûte de un mètre d'épaisseur, supposée en schiste compact, pourrait supporter un volume de mêmes dimensions horizontales et ayant jusqu'à $\dfrac{4.000.000}{4\,480}$ ou environ 900 mètres de hauteur librement superposé sans se détacher par cisaillement.

La résistance du schiste à la flexion a été déterminée par M. Larivière et trouvée de 720 kilogrammes pour le schiste de la veine du sud sur champ et de 745 kilogrammes environ pour le schiste sur plat. Pour la veine du nord, cette dernière seule a été déterminée ; elle est de 612 kilogrammes seulement par centimètre carré.

Si nous faisons abstraction du cisaillement pour lequel, en fait, la résistance est relativement faible au sud et au nord, on peut considérer la voûte d'une ardoisière comme un solide posé sur les chefs est et ouest et que nous supposerons compact et homogène. Considérons en une tranche de un mètre de largeur et H mètres de hauteur, et soit l la longueur du fond entre les deux chefs

Pour qu'il n'y ait pas rupture par flexion, il faut avoir :

$$D \times H \times \frac{l^2}{8} < K \times \frac{H^2}{6}, \text{ ou } l^2 < \frac{4}{3} \times K \times \frac{H}{D}$$

En appliquant la valeur de **D** et celle de **K**, nous aurons :

$$
\begin{aligned}
\text{Pour: } H &= 1 & l &< 59 \\
H &= 10 & l &< 185 \\
H &= 20 & l &< 261
\end{aligned}
$$

Par conséquent, théoriquement, une voûte de un

mètre d'épaisseur seulement résisterait à la flexion avec une portée de 59 mètres. En pratique, cette épaisseur ne se présentera jamais ; il se peut qu'un délit horizontal, un *assereau*, par exemple, sépare partiellement de la voûte un banc d'un mètre d'épaisseur ; mais, abstraction faite toujours de l'influence de délits verticaux ou inclinés, ce banc ne peut fléchir sans mettre en jeu la partie superposée de la voûte et la voûte se comportera comme un tout.

Ce qui a plus d'intérêt au point de vue pratique, c'est de voir quelle est l'épaisseur minima de voûte nécessaire pour supporter les déblais qu'on verse dans les anciens fonds.

Supposons par exemple qu'un ancien fonds soit rempli sur 100 mètres de hauteur.

La formule de plus haut comprendra deux termes au premier membre et deviendra, s'il s'agit d'une voûte de 40 mètres de portée et en admettant que la densité des déblais soit 2,5 :

$$\frac{40^2}{8} \times 2.800\,H + \frac{40^2}{8} \times 2.500 \times 100 < 7.200.000 \times \frac{H^2}{6}$$

ou

$$7.200.000\,\frac{H^2}{6} - \frac{40^2}{8} \times 2.800\,H - \frac{40^2}{8} \times 2.500 \times 100 > 0$$

Le trinôme égalé à 0 donne pour racine positive $\frac{1.600}{240}$ ou 6,66. Donc, théoriquement, l'épaisseur minima qu'on pourrait donner à une voûte dans les conditions indiquées serait de $6^m,66$.

Pour une voûte de 50 mètres de longueur, dans les mêmes conditions, on arrive à $8^m,30$ à peu près. Si l'on tient compte de l'existence possible de délits, puis de la fatigue que la voûte a pu subir, soit par l'ouverture du puits, soit par les ébranlements des coups de mine, on voit donc qu'il ne serait pas prudent de trop réduire l'épaisseur d'une voûte dans de pareilles conditions.

Pour la veine du nord, si nous admettons que la résistance à la flexion soit de 600 kilos par centimètre carré, on arrive, dans les mêmes conditions, c'est-à-dire pour une voûte de 50 mètres de longueur, à une épaisseur théorique minima de $9^m,50$ environ.

Considérons maintenant une partie de la voûte et supposons par exemple que des délits à peu près verticaux la séparent du reste ; en l'absence de délits horizontaux, elle aura à résister à l'effort d'arrachement.

Nous avons encore pu déterminer d'une manière approchée à l'établissement de la Commission des Ardoisière d'Angers la résistance à l'arrachement ; nous ne pouvons guère admettre plus de 150 kilos par centimètre carré ; cela donne par mètre carré 1,500,000 kilos; or, le mètre cube pesant 2,800 kilos, on voit que la résistance à l'arrachement est plus de cinq cents fois le poids pour 1 mètre de hauteur de voûte : pour 20 mètres elle serait encore de vingt-cinq fois le poids ; pour 40 mètres, encore douze fois le poids de la partie de voûte correspondante.

On voit donc qu'en l'absence d'asserceaux, c'est-à-dire de délits horizontaux, on a peu de chose à craindre en ce qui concerne l'arrachement.

Si nous considérons une partie de voûte séparée du rocher supérieur par un délit horizontal, un asserceau, ce qui fait opposition à sa chûte, c'est la résistance au cisaillement de ses faces verticales. Nous avons vu plus haut qu'il y a une différence considérable entre la résistance des surfaces parallèles à la fissilité et celles perpendiculaires. Néanmoins, la résistance au cisaillement est tellement considérable qu'il n'y a rien à craindre tant qu'il n'y a pas de délits verticaux ou inclinés ; dans

la veine du sud, il faudrait une force égale à neuf cents
fois le poids du rocher pour vaincre cette résistance.

Considérons enfin le cas extrême d'une pièce séparée
au-dessus et à l'un de ses bouts par des délits ainsi que
sur ses faces latérales suivant la fissilité, c'est-à-dire
par un asserçau, un chef et deux chauves. Dans ce cas,
elle peut être considérée comme travaillant par flexion
sous son poids propre et, d'après ce que nous avons vu
plus haut, la longueur de la pièce pourrait atteindre
trente fois sa hauteur avant de se rompre suivant la
section d'encastrement.

Tout ce qui précède explique l'extrème solidité des
voûtes, que l'expérience a d'ailleurs confirmée. Ce n'est
jamais que dans le cas d'une réunion de plusieurs délits
convergents que des parties de la voûte peuvent se détacher, ou bien lorsque des délits se trouvent au voisinage du puits d'extraction, par exemple. C'est en effet
dans ces conditions que se sont produits tous les éboulements provenant des voûtes, éboulements dont le
nombre n'est d'ailleurs pas considérable. On trouvera,
à la fin de cette notice, un relevé des éboulements de
quelque importance comme cube ou de ceux qui ont
occasionné des accidents de personnes et qui sont survenus dans les ardoisières souterraines de Maine-et-
Loire depuis l'année 1848 jusqu'à 1889 inclusivement.

Sur un total de soixante-sept éboulements, onze seulement sont provenus de la voûte, et de ces onze, six
ont été prévus plus ou moins longtemps à l'avance. Il
est à noter que sur les onze éboulements, neuf ont eu
lieu dans des chambres ouvertes depuis six à dix ans ;
deux seulement ont eu lieu dans des chambres récem-
ment ouvertes.

De ces deux derniers, l'un s'est produit à l'ardoisière
des Grands-Carreaux où l'on travaillait encore à la voûte.
Un bloc de 15 mètres cubes, limité par un asserçau et

une rembrayure au-dessus et latéralement par des chefs, se détacha inopinément. On connaissait l'assereau et on avait même abattu la pointe jusqu'à une chauve ; mais on ne connaissait pas la remblayure, et le suif placé sur l'assereau ne révéla aucun mouvement avant la chute elle-même ; deux ouvriers furent tués par ce bloc.

L'autre éboulement qui a entraîné la plus grosse catastrophe à signaler dans les ardoisières de Maine-et-Loire est celui de l'ardoisière de la Misengrain, figure 3 et 3', planche IV. Cette ardoisière se trouvait sur la même bande de schiste que celle de la Forêt ; nous avons indiqué précédemment que les délits y sont beaucoup plus nombreux qu'aux environs d'Angers. On avait ouvert une chambre souterraine à 108 mètres de profondeur. Lors de la préparation de la voûte de cette chambre on y reconnut l'existence de deux délits convergents, une chauve et une remblayure. Les traces de ces délits sur la voûte, écartées de 8 mètres seulement près du chef est, allaient en s'écartant vers l'ouest et étaient séparées par une distance de $14^m,50$ au droit du puits.

On reconnut dans le cours du travail de la voûte que la masse à section triangulaire suspendue ainsi descendait un peu ; du côté de l'un des délits il y avait une dénivellation de $15^{m/m}$, du côté de l'autre de $10^{m/m}$. On essaya de consolider la masse par des barres de fer chevillées dans les deux lèvres des fentes. Cette mesure, absolument illusoire, en présence de la masse qui tendait à descendre, ne servit qu'à une chose, à cacher la catastrophe qui se préparait. En effet, le 15 novembre 1888, une masse de 600 mètres cubes environ, limitée d'un côté par la chauve, de l'autre par la rembrayure, et ayant environ 20 mètres de longueur et 7 mètres de hauteur maxima, tomba inopinément et occasionna la mort de dix-huit ouvriers et des blessures à trois autres. Cet éboulement n'était pas, à proprement parler, imprévu ; le mouvement préliminaire de la masse devait le faire craindre.

Il ne reste donc, en définitive, qu'un seul éboulement imprévu dans une voûte de création récente.

Passons maintenant à l'examen des parois des fonds exploités en descendant.

Les parois nord et sud ou *parois* proprement dites sont inclinées suivant l'inclinaison de la veine du côté du mur, et ont une inclinaison faible en sens contraire du côté du toit. Ce sont des surfaces considérables puisque dans certains fonds elles ont atteint une largeur de 50 mètres et une hauteur de plus de 100 mètres. La présence des délits y est beaucoup plus dangereuse que dans la voûte. En effet, dans celle-ci, les délits à peu près parallèles à sa surface, c'est-à-dire les asserceaux, ont généralement une étendue assez faible. Au contraire, les délits à peu près parallèles aux parois, c'est-à-dire les chauves et leurs analogues, ont souvent une étendue assez importante. La combinaison de ces délits avec les bavures et les asserceaux d'une part, avec les chefs et les torsins d'autre part, peut découper dans les parois une série de masses plus ou moins considérables n'ayant plus qu'une faible adhérence par certaines de leurs parties ; cette adhérence elle-même se trouve diminuée avec le temps, soit par l'action de la pesanteur, soit par l'ébranlement des coups de mine, quelquefois aussi, mais rarement, par de l'eau. Quand on songe que ces grandes surfaces sont exposées à ces diverses actions pendant dix, quinze ou vingt ans, on comprend facilement que des éboulements soient inévitables et qu'ils soient beaucoup plus fréquents que ceux provenant des voûtes. En effet, sur les soixante-sept éboulements portés sur notre relevé depuis l'année 1848, quarante-quatre provenaient des parois.

Si nous considérons une partie de la paroi d'un mètre d'épaisseur et d'un mètre de hauteur qui serait limitée par derrière par une chauve, en bas par une bavure, en haut par un asscreau ou un fenilletis, cette partie n'offrirait plus de résistance à la pesanteur que par ses deux bouts verticaux. Si la bavure est inclinée à 45°, il faut compter la moitié du poids comme agissant, soit environ 1.500 kilog. par mètre cube. La résistance au cisaillement contre une action perpendiculaire à la fissilité n'est guère que de 100 kilog. par centimètre carré ; par conséquent, pour les deux bouts elle sera de 2.000.000 kilog. en total. Si la longueur de la partie considérée est de 30 mètres, le poids agissant sera de 45.000 kilog. ; la résistance serait donc, dans ces conditions, de quarante fois le poids agissant. Mais on voit que, pour une longueur de 40 mètres, par exemple, et avec une bavure rapprochée de la verticale où le poids agissant deviendrait 2.500 kilog. par mètre cube, le poids agissant total serait de 100.000 kilog. Dans ce cas, la résistance des extrémités verticales de la masse *supposée parfaitement homogène* ne serait plus que de vingt fois le poids agissant. Or, l'homogénéité parfaite est rare, même pour de petites étendues ; il se trouve, au contraire, de petites chauves, des chefs, de petits torsins, etc., qui la détruisent et l'on voit immédiatement combien la sécurité devient précaire pour des parois de grande étendue dans un rocher tant soit peu rempli de délits.

Les conditions ne seraient pas meilleures pour une partie de paroi séparée par une chauve et présentant latéralement des délits verticaux, même en l'absence de délits horizontaux. Cela est d'autant plus vrai que la chauve n'est pas nécessairement parallèle à la paroi, et il peut arriver que les parties adhérentes aient une épaisseur beaucoup moindre que celle de la masse en général. L'exemple de l'éboulement survenu aux Fresnais le 14 décembre 1860 le montre bien nettement.

Voici dans quelles conditions cet éboulement, par lequel neuf ouvriers furent tués et deux blessés, s'est produit :

Le fonds avait à peu près 35 mètres de hauteur sous voûte. On avait préparé, au bas de la paroi sud, une dizaine de coups de mine horizontaux, destinés au rangement des écots. Dix minutes après le départ de ces coups de mine, le clerc d'à-bas fit retourner les ouvriers à leurs chantiers. Au moment où ceux-ci y arrivaient, il se produisit un éboulement venant de la paroi sud. Il s'était détaché de la paroi une croûte ayant à peu près 30 mètres de hauteur, 1 mètre d'épaisseur dans le milieu et $0^m,50$ seulement en haut et en bas ; la largeur était de 20 mètres. Le derrière de cette croûte était formé par une chauve ; à l'ouest, elle était limitée par un chef et à l'est par un torsin. Il est probable que le pied était formé par une bavure et que le départ des coups de mine a fait sauter la partie de rocher contre laquelle s'appuyait encore le pied de la masse.

Si nous appliquons à ces circonstances particulières les considérations précédentes, nous trouvons, en admettant que tout le poids ait agi, que le cube de 450 mètres environ pesait 1.260.000 kilog. ; la résistance de la surface du haut au cisaillement (1), en supposant qu'elle fût tout à fait intacte et homogène, aurait été de 10.000.000 kilog. à raison de 100 kilog. par centimètre carré ; mais le tirage des coups de mine depuis plusieurs années avait évidemment fatigué cette surface

____

(1) C'est plutôt la résistance au cisaillement que celle à l'arrachement qui est mise en jeu pour la surface du haut, lorsque celle du bas n'est pas librement suspendue, mais repose sur une surface plus ou moins inclinée ; si l'on tenait compte de la résistance à l'arrachement, celle-ci serait du reste analogue comme valeur.

d'adhérence et ainsi s'explique facilement l'accident.
Il est à noter que cette paroi était surveillée avec soin
et que, notamment, la veille de l'accident même, elle
avait été visitée et qu'on n'y avait rien remarqué
d'anormal.

Dans l'espèce un chevillage régulier par chevilles de
3 mètres de longueur eût peut-être évité l'éboulement ;
mais dans le cas d'une croûte plus épaisse, de 2 mètres,
par exemple, ce chevillage n'aurait plus d'utilité.

Ce type d'éboulement des parois est très fréquent.

Le grand éboulement du fonds n° 4 de la Paperie en
1883 se rapporte au même type, mais avec des circonstances particulières. Ainsi que le montre la fig. 4 et 4',
pl. IV, ce fonds avait 59 mètres de hauteur sous voûte.
Du côté de la paroi nord, on avait laissé des gradins,
figurés par la ligne C H D C B A A ; la nouvelle paroi A A'
était formée par une chauve (voir le plan). En oc-
tobre 1880 et février 1881, des masses importantes
s'étaient détachées de ces gradins ; mais ces chutes
avaient été prévues et n'entraînèrent pas d'accident.
Elles laissèrent une surface irrégulière C H G F E sur
laquelle on n'avait constaté qu'une fente nn correspondant à une rembrayure, laquelle fente s'était ouverte
sur 5 à 20 millimètres ; elle était bien surveillée et
n'avait pas joué depuis quelque temps avant l'accident.

Comme le montrent les figures, la masse qui s'éboula
était limitée vers l'est par un feuilletis, vers le nord par
une râfle dont l'existence était inconnue, et au pied par
une bavure dont cependant on n'avait pas reconnu la
trace sur la chauve AA, formant paroi. A l'ouest, il n'y
avait pas de délit net, mais il devait certainement y
avoir une série de délits, car en franc rocher cette surface de l'Ouest, même seule, n'aurait pas cédé sous
l'action du poids de schiste éboulé, soit environ
28,000 tonnes. A la partie supérieure, il y a bien eu

arrachement, mais partiel seulement; car la surface de 4 mètres sur 25 mètres ou 100 mètres carrés en franc rocher offrirait encore une résistance à l'arrachement de 100 à 150.000 tonnes au moins.

Ce qui est à remarquer, c'est que ici, comme dans les autres éboulements des parois, la voûte n'a nullement été affectée, bien que la partie éboulée s'étende presque jusqu'à son niveau. Nous ajouterons que la voûte de ce fonds n° 4 est encore actuellement intacte, et cela malgré que la partie supérieure du puits, qui se trouvait dans les remblais, se soit complètement effondrée, laissant un immense entonnoir à la surface. Il en a été de même dans nombre d'éboulements analogues, et on trouve dans ces faits une nouvelle confirmation de la solidité des voûtes. Au contraire, il faut en tirer la conséquence que, malgré la résistance considérable du schiste homogène, les délits existant dans le rocher rendent les parois des fonds souterrains d'autant plus dangereuses qu'elles ont plus de hauteur et qu'elles sont restées plus longtemps exposées aux actions qui tendent à les détériorer. On peut dire, d'une manière générale, que toutes les chambres souterraines voient leur exploitation arrêtée du fait des parois, soit à cause de leur inclinaison nécessaire, qui réduit la largeur des chambres, soit à cause des éboulements auxquels elles donnent lieu. En examinant le relevé des éboulements provenant des parois on voit que tous ces éboulements se sont produits dans des fonds ayant déjà une hauteur importante sous voûte et par suite une durée assez considérable.

Sur les quarante-quatre éboulements provenant des parois consignées dans notre relevé (1), dix-huit ont été

____

(1) Et il y en a certainement en d'autres qui nous sont restés inconnus.

prévus, vingt-et-un imprévus, pour cinq il y a doute. Les éboulements imprévus ont occasionné la mort de trente-quatre ouvriers et des blessures à quarante-neuf. Plusieurs de ces éboulements auraient eu des conséquences beaucoup plus graves si, par bonheur, ils ne s'étaient produits la nuit ou le dimanche.

On voit aussi que beaucoup des éboulements provenant des parois ont des volumes de un ou plusieurs milliers de mètres cubes.

Dans l'établissement du prix de revient de la méthode en descendant nous n'avons pas tenu compte des éboulements provenant des parois. On comprend, d'après ce qui précède, de quelle influence ces événements peuvent être sur la marche de l'exploitation d'un fonds. Il arrive, en effet, que l'exploitation proprement dite est arrêtée pendant des mois et même pendant plus d'une année par les décalabrages à faire là où une chute s'est produite et par le relèvement de cette chute ; ces travaux sont extrêmement coûteux et il est évident qu'ils changent complètement les prix de revient ; aussi, ceux que nous avons établis plus haut doivent-ils être considérés comme des *minima* très favorables.

Les chefs n'ont donné lieu qu'à cinq éboulements en quarante ans, sur lesquels trois imprévus, avec un tué et deux blessés.

Les avancées, qui sont des voûtes secondaires faites dans des chefs, ont occasionné également quatre éboulements, dont trois imprévus, avec huit tués et sept blessés ; ces chiffres sont relativement importants, car le nombre des avances exploitées n'a pas été considérable.

Il nous reste à parler des effondrements de fonds sou-

terrains. Nous ne connaissons que quatre effondrements, tous prévus. Cependant, l'un d'entre eux, celui
des fonds 1 et 2 des Grands-Carreaux, a coûté la vie à
trois personnes qui se trouvaient à la surface. Le relevé
porte suffisamment de détails sur ces événements pour
qu'il n'y ait pas lieu d'insister ici. Nous tenons à faire
remarquer seulement, et les figures relatives aux éboulements des Grands-Carreaux et des Fresnais (fig. 5 et 5',
6 et 6', pl. IV) montrent bien nettement que ces effondrements se sont produits dans des conditions tout à
fait particulières, c'est-à-dire lorsque plusieurs fonds
souterrains à dimensions très considérables avaient été
foncés très près les uns des autres et au voisinage
de découvertures, et les parois fatiguées par une
durée déjà considérable ; dans le cas des Grands-Carreaux notamment, on avait sous-cavé une surface
presque continue de 7,000 mètres carrés environ et, de
plus, les parois renfermaient des délits connus, parmi
lesquels un torsin dans le chef est du fonds n° 2. Si l'on
peut s'étonner de quelque chose, ce n'est pas de ce que
ces fonds se soient effondrés, mais de ce qu'ils aient
résisté si longtemps.

Par contre, il reste des voûtes debout de fonds poussés jusqu'à 100 mètres de profondeur sous voûte et
arrêtés depuis longtemps.

Méthode en remontant.

Dans les chambres souterraines prises en remontant,
sauf celles du système des Fresnais, que nous examine-
rons à part, il n'y a plus à s'occuper des parois verticales. Celles-ci ont, en effet, leur hauteur tellement
réduite, qu'on n'aura plus à craindre les éboulements
considérables des chambres prises en descendant ; les
délits qui se rencontrent ne peuvent plus faire sentir
leur action que sur une petite surface et il est toujours
facile de décalabrer convenablement les parois. L'avan-

tage de la méthode en remontant sur celle en descendant saute aux yeux sous ce rapport.

Pour ce qui est de la voûte des chambres prises en remontant, on pourrait craindre, *a priori*, que le rocher, fatigué par la disposition en gradins renversés, ne donnât lieu à beaucoup de chutes imprévues. Toutefois, si l'on se reporte à ce que nous avons vu plus haut, concernant la solidité considérable d'un bloc qui resterait suspendu par une seule de ses faces verticales, toutes les autres étant ouvertes par des délits, on comprend qu'il n'y ait pas beaucoup de craintes à avoir de ce côté, à la condition toutefois de surveiller soigneusement la voûte, de suivre les mouvements qui peuvent se manifester dans les délits et de faire tomber ou de soutenir, s'il y a lieu, temporairement, les parties qui menacent de tomber.

Bien qu'en général la solidité du schiste soit telle qu'un boisage paraisse inutile, il peut cependant se présenter des circonstances où le boisage paraisse absolument indiqué et nous le considérons comme un auxiliaire important de la méthode en remontant. Là où les délits sont rares et ne donnent lieu qu'à peu de mouvements, on pourra s'en dispenser complètement ; là où ils sont abondants, le boisage deviendra utile. Nous pensons même que dans un schiste très délité, où l'exploitation en remontant serait impossible autrement, on pourrait encore la poursuivre avec un boisage méthodique. En effet, en plaçant, par exemple, des chandelles de diamètre convenable à 3 mètres les unes des autres et en les surmontant de bois longs, on pourrait supporter des masses considérables ; les chandelles étant retirées ensuite de dessous le gradin au fur et à mesure de l'abatage, elles ne gêneraient pas l'exploitation au point de la rendre impraticable ; il est évident que, dans ces conditions, il faudrait éviter des hauteurs de gradin trop considérables.

Nous dirons ici un mot, en passant, de l'application éventuelle aux ardoisières d'une véritable exploitation avec remblais, analogue à celle des mines de charbon. On prendrait, dans ce cas des gradins de hauteur moindre et, au lieu de se contenter de remblayer au-dessous de soi, on remblayerait derrière soi, jusqu'au toit du vide, au fur et à mesure de l'avancement du gradin. Nous sommes d'avis que le remblayage, dans ces conditions, n'a pas de raison d'être dans les ardoisières. En effet, dans les houillères, le but du remblai est de supporter la masse du charbon supérieur, ou bien le toit qui s'affaisse effectivement en arrière du front de taille. Dans les ardoisières, aucun affaissement sensible de la masse ne peut se produire et ne se produit effectivement ; par conséquent, le remblai, même monté jusqu'au toit du vide, ne soutiendrait jamais en fait le rocher. Des affaissements ne peuvent se produire et ne se produisent que sur des parties de la voûte séparées par des délits ; il n'y aurait aucun intérêt à soutenir ces parties par du remblai, à supposer que cela pût se faire, car ce remblai ne serait qu'une gêne pour les enlever. Dans le cas où de pareils affaissements seraient à craindre fréquemment par suite de la nature du rocher, il n'y aurait de possible, selon nous, que l'emploi du boisage systématique indiqué plus haut.

Examinons maintenant les éboulements ou chutes qui se sont produits jusqu'ici dans l'application de la méthode en remontant.

Aucune chute non provoquée intentionnellement ne s'est produite, à notre connaissance, dans l'exploitation des Grands-Carreaux, pendant huit années d'exploitation : il en est de même pour les exploitations de l'Hermitage et de la Grand'Maison.

Deux petits éboulements se sont produits à l'ardoisière du Pont-Malembert. Nous allons examiner dans quelles conditions ces éboulements ont eu lieu.

L'exploitation du Pont-Malembert a lieu à la limite sud de la veine nord, dans une partie où le schiste renferme beaucoup de délits. On y a constaté un torsin ; les érusses sont nombreuses et des assereaux plus ou moins feuilletis ont été rencontrés plusieurs fois dans l'exploitation, qui a été conduite jusqu'ici du niveau de 140 mètres au niveau de 112 mètres.

Un bloc de 3 mètres cubes, suspendu au haut du front de taille et qu'on aurait reconnu sonner le creux, est tombé inopinément et a renversé un échafaudage sur lequel se trouvaient quatre ouvriers qui ont été blessés. Cet accident aurait dû être évité ; le surveillant a été condamné à huit jours de prison.

Le deuxième éboulement comprend un cube de 45 mètres détachés de la voûte. Cette masse était séparée de la masse au-dessus par un assereau feuilletis, c'est-à-dire un délit courbe (fig. 7), et latéralement par deux chauves ; une de ses extrémités était engagée comme par un crochet dans un creux et c'est ce qui peut expliquer qu'on n'ait pas vu l'assereau s'ouvrir avant l'accident. Il faut dire cependant que la surveillance n'est pas aussi facile au Pont-Malembert qu'ailleurs parce qu'on n'a pas d'éclairage électrique. Cet éboulement a coûté la vie à deux ouvriers.

A l'ardoisière de La Forêt, il y a également eu un accident par suite d'éboulement d'un bloc de voûte. Ce bloc, de 50 mètres cubes environ, était séparé de la masse par une chauve et une rembrayure et ne tenait que par une extrémité sur une surface de 1 à 2 mètres carrés ; c'est après plusieurs mois qu'il s'est détaché d'un endroit de l'ancien fonds n° 1, qui avait été éprouvé six ou huit mois auparavant par le grand éboulement, dont nous avons parlé plus haut.

En résumé, des trois éboulements survenus jusqu'ici dans l'application de la méthode en remontant, il n'y a que le second du Pont-Malembert qui puisse être considéré comme tenant aux dangers que comporte la méthode en remontant. Ce que nous tenons à rappeler ici, c'est que les éboulements provenant de la voûte ne se produisent, en général, qu'au bout d'un temps assez long, pendant lequel les résistances qui s'opposent à la chute ont été successivement affaiblies ; cela ressort particulièrement de l'examen des éboulements provenant de la voûte dans les fonds pris en descendant. D'un autre côté, le fait que l'exploitation en remontant des Grands-Carreaux est restée suspendue pendant des années, sans qu'il y ait eu aucune chute, prouve que, dans un schiste solide, la chance d'éboulements est peu considérable ; dans un schiste moins solide, les chances de chute seront diminuées d'autant plus que l'exploitation en remontant marchera plus rapidement ; si elles augmentent beaucoup par suite de la présence de délits nombreux et notamment d'assereaux, il faudra y obvier par le boisage, et il se peut qu'il y ait tel schiste fissile ou même avec le boisage, l'exploitation en remontant devienne impossible à cause des délits trop nombreux. Mais, dans ce cas, l'exploitation en descendant serait également impossible, parce que la voûte n'offrirait plus une solidité suffisante.

Le système mixte employé aux Fresnais, d'une chambre à dimensions restreintes foncée en descendant pour être agrandie ensuite latéralement et donner lieu dans cette partie agrandie à une exploitation en remontant, nous paraît incontestablement offrir moins de garanties au point de vue de la sécurité que le système en remontant proprement dit. En effet, il est certain que, malgré les dimensions restreintes des chambres foncées en descendant, les parois et chefs de ces chambres qui auront une hauteur considérable, pourront se fatiguer et donner lieu à des décalabrages et même à des éboulements, surtout lorsque, par les avancées faites en remontant, l'un des chefs ou les deux vont se trouver dégagés par en dessous. S'il se trouve alors dans ces chefs des fentes ou délits naturels, il pourra facilement s'en détacher des parties de rocher ; ces chefs se trouveront, en définitive, dans les conditions des chefs superposés aux avancées que l'on a poussées parfois dans certains fonds souterrains et que l'expérience a prouvé être dangereuses.

Les parois proprement dites (nord et sud) sont aussi réduites que possible dans les chambres des Fresnais ; on peut donc espérer que les surfaces de ces chambres donneront le minimum de chutes compatible avec les accidents naturels des rochers, torsins, chauves, érusses, etc.

Néanmoins, il y a là une cause d'accidents non négligeable, et le résultat favorable obtenu aux Grands-Carreaux n'est pas absolument concluant, parce que la chambre foncée en descendant n'avait atteint qu'une hauteur de 35 mètres sous voûte.

D'un autre côté, l'entrée de l'avancée offre un point particulièrement faible et sur quatre éboulements provenant d'avancées (dans le relevé), trois ont été imprévus et ont occasionné la mort de huit ouvriers et des blessures à sept autres.

Nous avons fait le relevé complet des divers accidents de personnes qui se sont produits dans les ardoisières souterraines (tableau ci-dessous) depuis l'année 1850 jusqu'à l'année 1889 inclusivement, dans les chambres prises en descendant.

Accidents de personnes dans les Ardoisières souterraines

NATURE DES ACCIDENTS	MÉTHODE					
	EN DESCENDANT Chiffres de 1850 à 1889			EN REMONTANT Chiffres admis pour 10 ans		
	ACCI-DENTS	TUÉS	BLESSÉS	ACCI-DENTS	TUÉS	BLESSÉS
1° Eboulements — a Provenant de la voûte	4	19	9	3	21	11
b — de voûtes d'avancés	3	8	7	3	8	7
c — des chefs	5	1	4	»	»	»
d — des parois	20	34	49	»	»	»
e — de l'effondrement de la voûte	1	3	»	»	»	»
	33	65	69	8	29	18
2° Pierres glissées sur éboulements	4	»	5	»	»	»
3° Chutes de blocs au banc en travail (de la voûte)	29	12	22	29	12	22
4° Chutes de personnes — a Dans les échelles	18	6	13	18	6	13
b Du banc en travail (d'échafaudages)	14	3	11	14	3	11
c De la recette	10	10	»	10	10	»
d D'endroits divers	37	32	6	9	8	2
	79	51	30	51	27	26
5° Chutes de — a Planches ou pièces de bois	6	5	1	»	»	»
b Pierres sorties des chaines ou venant du décalabrage	10	5	6	»	»	»
c Outils et divers	8	5	3	»	»	»
	24	15	10	»	»	»
6° Accidents occasionnés par les bassicots — a Chocs et rencontres de bassicots	19	6	14	»	»	»
b Chutes de bassicots	5	2	7	»	»	»
c Pierres tombées des bassicots	15	5	12	»	»	»
	39	13	33	»	»	»
7° Accidents occasionnés par des ruptures de cables, chaines, billons et crochets	20	13	20	»	»	»
8° Coups de mine	32	3	32	32	8	32
9° Accidents occasionnés par des causes diverses	12	4	11	24	8	22
Totaux pour 40 années	272	181	232	144	84	1 0
Le chiffre des ouvriers occupés souterrainement a été en moyenne au plus de 800 pendant ce temps. Donc par 1.000 ouvriers et par an, on aura	8,5	3,65	7,25	4,5	2.6	3,7

Nous allons passer en revue ces accidents, en cherchant à établir parallèlement ce qui se produirait dans l'exploitation en remontant.

En examinant les chiffres relatifs à ces accidents, on reconnaît que ceux provenant des parois sont au nombre de vingt avec trente-quatre tués et quarante-neuf blessés, tandis que les voûtes n'ont donné lieu qu'à quatre accidents avec dix-neuf tués et neuf blessés, et, parmi ces derniers, il faut citer celui de la Misengrain avec dix-huit tués et trois blessés qui, nous le rappelons, aurait dû être prévu ou au moins redouté ; les chefs n'ont donné lieu qu'à cinq accidents avec un tué et quatre blessés ; par contre, les voûtes d'avancées ont occasionné trois accidents avec huit tués et sept blessés. Nous admettrons pour la méthode en remontant le même nombre d'accidents et de victimes par éboulements provenant de la voûte ou de voûtes d'avancées ; par contre, ceux provenant des parois ou chefs ou de pierres glissant sur les éboulements seront supprimés.

Les chutes de blocs du banc en travail ont occasionné vingt-neuf accidents avec douze tués et vingt-deux blessés ; nous admettrons, pour la méthode en remontant, en dehors des éboulements de la voûte parallèles à ceux de la méthode en descendant, autant de chutes de blocs provenant de la voûte que la méthode en descendant a donné de chutes de blocs du banc en travail.

Les accidents par chutes de personnes sont fort nombreux dans les ardoisières ; on compte, dans les ardoisières souterraines, soixante-dix-neuf accidents en quarante ans avec cinquante-un tués et trente blessés.

Parmi ces accidents, ceux des échelles et de la recette

se produiront dans les deux méthodes ; nous assimilons les chutes du banc en travail dans la méthode en descendant aux chutes des échafaudages dans la méthode en remontant. Les chutes d'endroits divers sont surtout des chutes depuis les ponts de la voûte ou d'autres endroits élevés ; nous admettrons pour la méthode en remontant un quart des chiffres de la méthode en descendant.

<table>
<tr><td>Accidents
par
chutes d'objets
divers,
par
les bassicots
ou par
des ruptures.</td><td>Les accidents occasionnés par chutes d'objets divers de la recette du jour, des ponts de la voûte, des bassicots, etc., ceux occasionnés par les bassicots eux-mêmes ou par la rupture des chaînes, câbles, etc., dans la méthode en descendant n'auront pas leurs parallèles dans la méthode en remontant. Ils ont été au nombre de quatre-vingt-deux avec quarante-un morts et soixante-deux blessés.</td></tr>
<tr><td>Accidents
par
coups de mine.</td><td>Ces accidents ont été au nombre de trente-deux avec huit tués et trente-deux blessés. Nous admettons les mêmes chiffres pour la méthode en remontant, bien que les accidents par projection de pierres, assez nombreux, ne doivent pas se trouver dans cette dernière méthode.</td></tr>
<tr><td>Accidents
par
causes
diverses</td><td>Nous admettrons, sous cette rubrique, pour la méthode en remontant, des chiffres doubles de ceux de la méthode en descendant, pour parer aux imprévus.</td></tr>
</table>

Ces divers chiffres du tableau correspondent à un nombre d'ouvriers occupés souterrainement, variable avec les années ; nous croyons pouvoir admettre comme moyenne maxima pour les quarante années, huit cents ouvriers.

Dans ces conditions, on trouve :

	En descendant	En remontant
Par mille ouvriers { Tués. . . .	5,65	2,6
de l'intérieur { Blessés . .	7,25	3,7

Les chiffres correspondants pour les mines de houille d'une part, et pour les carrières souterraines de France d'autre part, sont (années 1884 à 1886) :

	Houillères	Carrières souterraines
Tués.	1,9	2,5
Blessés	9,7	4,6

On voit, par les comparaisons de ces chiffres, combien est considérable surtout le nombre de tués dans les ardoisières exploitées en descendant, puisqu'il est le triple des tués des houillères par mille, et plus du double de ceux des carrières souterraines en général ; pour les blessés, la différence avec ces dernières est moins grande ; elle est en faveur des ardoisières comparativement aux houillères.

Ces conditions diffèrent grandement de celles de la notice de M. Blavier, qui arrivait à deux tués par mille et cinq tués et blessés par les chantiers souterrains ; la comparaison avec les houillères et les carrières souterraines était donc très avantageuse pour les ardoisières ; mais M. Blavier, au lieu de tenir compte seulement des ouvriers de l'intérieur, répartissait les accidents sur le total des ouvriers intérieurs et extérieurs, c'est-à-dire sur un nombre plus que double.

On peut dire positivement que l'exploitation souterraine des ardoisières en descendant est dangereuse. Les chiffres que nous avons établis plus haut pour la méthode en remontant placeraient celle-ci au niveau des carrières souterraines en général. Il se peut que l'application de cette méthode donne, surtout au commencement, un chiffre plus considérable d'accidents par éboulements que nous ne l'avons admis. Nous croyons cependant qu'en l'appliquant rationnellement, en ne cherchant pas, par raison d'économie, à prendre une hauteur de gradin trop considérable, et en boisant convenablement là où cela devient nécessaire, le nombre des victimes sera sensiblement moindre dans la méthode en remontant que dans celle en descendant.

Conclusions.   L'industrie ardoisière du centre d'Angers traverse en ce moment une crise très sérieuse. Par suite de la concurrence des autres matériaux servant à la couverture des toits, concurrence qu'on n'a peut-être pas cherché à combattre assez tôt par un abaissement de prix convenable, par suite aussi du ralentissement dans les constructions, les stocks ont augmenté considérablement et doivent être évalués à 200 millions d'ardoises, ce qui représente un capital de quatre millions de francs à peu près. Cependant on a réduit beaucoup la production, car les ardoisières d'Angers qui, dans les années précédant la guerre de 1870, occupaient trois mille ouvriers, n'en occupent plus guère que deux mille actuellement.

A la fin de l'année dernière, la Commission des Ardoisières d'Angers a réduit officiellement ses prix de vente de 15 %, sans parler des rabais consentis directement aux acheteurs. Aussi le prix moyen de vente de l'ardoise, qui, à une certaine époque, a dépassé trente francs par mille et s'est abaissé successivement, est-il descendu actuellement au-dessous de vingt francs. En comparant ce chiffre à celui que nous avons obtenu plus haut pour le prix de revient de la méthode d'exploitation en descendant, on reconnaît, comme nous l'avons indiqué plus haut, qu'une partie au moins des ardoisières qui emploient cette méthode doivent travailler à perte.

Un relèvement des prix de vente ne paraît pas possible d'ici à une époque indéterminée ; il est nécessaire que l'ardoise reconquière d'abord, si possible, le terrain qu'elle a perdu. Ce résultat ne nous paraît pouvoir être atteint qu'avec l'application de la méthode d'exploitation en remontant. Peut-être sera-t-on amené quelque jour à essayer avec cette méthode les moyens mécaniques de forage des trous de mine ou même de havage et de coupement du schiste ; il nous paraît difficile de préjuger le résultat de pareils essais qui demanderaient à être étudiés de très près.

Si la méthode en remontant paraît devoir s'imposer sous peu par ses résultats économiques, nous croyons, d'après ce que nous avons établi plus haut, qu'elle doit se recommander également de préférence à la méthode en descendant, au point de vue de la sécurité.

On a pu se demander s'il convenait d'imposer la méthode en remontant aux exploitants. Bien qu'on puisse considérer comme très probable l'obtention d'une plus grande sécurité par cette méthode, l'expérience qu'on en a jusqu'ici n'est pas suffisante, malgré l'absence d'accidents dans l'exploitation des Grands-Carreaux, pour qu'on puisse l'affirmer.

Nous croyons que l'expoitation en descendant cèdera rapidement la place à l'exploitation en remontant ; cette dernière la remplacera comme l'exploitation souterraine en descendant a remplacé presque partout l'exploitation à ciel ouvert.

En effet, à côté des avantages économiques déjà mentionnés, la méthode en remontant en offre d'autres qui méritent d'être appréciés.

En premier lieu, dans la méthode en descendant, une fois que la voûte est faite, l'exploitation est pour ainsi dire invariablement fixée ; elle ne peut plus que des-

cendre verticalement en dessous de la voûte ou à peu
près, et la section du fonds se réduit nécessairement en
profondeur. De plus, si l'on rencontre des parties mauvaises, force est de réduire encore les dimensions du
fonds ou d'extraire complètement le schiste provenant
de ces parties.

Dans la méthode en remontant, au contraire, la
chambre se prête à toutes les modifications de position
ou de dimensions reconnues utiles au cours de l'exploitation ; loin d'être obligé de la réduire, on peut, dans
de certaines limites bien entendu, l'agrandir en remontant si on y trouve de l'utilité. Tout le schiste de mauvaise qualité que l'on rencontre peut, sinon rester en
place, ce qui ne sera pas toujours possible, du moins
être simplement abattu pour rester dans le fonds comme
remblai. Si la veine a une inclinaison sensible, on peut
suivre cette inclinaison avec les deux parois et exploiter
toujours toute la largeur de la veine, tandis que dans
la méthode en descendant on est forcé d'éviter le sur-
plomb des parois.

Dans la méthode en descendant on ne peut exploiter,
par un puits d'extraction, qu'un seul fonds. Rien n'em-
pêche, au contraire, dans la méthode en remontant,
d'exploiter par un même puits d'extraction deux ou
plusieurs chambres souterraines, comme on le fait déjà
à l'ardoisière de La Forêt et comme on le fera probablement sous peu à celle de la Grand'Maison.

L'ardoisière de La Forêt se trouve dans des conditions de gisement particulières. Si nous nous occupons
plus spécialement du gisement des environs d'Angers,
voici comment nous comprendrions l'installation d'une
exploitation nouvelle, supposée en terrain vierge. Un
puits d'extraction de 5 mètres sur 2 mètres serait foncé
jusqu'à la profondeur où le schiste paraît utilement

exploitable, en le plaçant, d'après ce qu'on connaît de l'allure de la veine, de manière à ce que dans la partie à exploiter en remontant il sorte le moins possible de la veine. Une fois le puits terminé, on ouvrirait à droite et à gauche de ce puits, lequel resterait ainsi dans le bardeau intermédiaire, deux chambres auxquelles, la veine ayant une largeur de 40 mètres par exemple entre parois, on pourrait donner une longueur de 40 à 50 mètres entre chefs. Au-dessus de l'emplacement présumé de chacune des deux chambres, et lorsque le fonçage du puits d'extraction serait assez avancé pour fixer approximativement cet emplacement, on foncerait deux petits puits à section réduite, destinés au versement des remblais et qui fonctionneraient, simultanément, comme puits d'aérage. L'exploitation marcherait à la fois dans les deux chambres qui pourraient, dans un schiste de qualité tant soit peu bonne, arriver à produire pour une fabrication de 5 millions d'ardoises par mois. Le puits étant guidé avec deux câbles pour chaque bassicot, on extrairait facilement cette production. Quant aux remblais, ils seraient pris sur les affleurements de la veine et leur enlèvement préparerait ainsi en découverture la partie de la veine que l'on devrait laisser comme épaisseur de voûte.

Si nous examinons quels seraient les frais de premier établissement d'une pareille exploitation et comparativement ceux d'une autre en descendant (à part les installations extérieures qui seraient les mêmes), en admettant une profondeur de voûte de 60 mètres sous la surface et une hauteur de 100 mètres exploités dans l'un et l'autre cas (bien qu'en remontant on puisse avoir une hauteur beaucoup plus grande si la qualité du rocher le permet), nous trouvons ce qui suit :

MÉTHODE EN DESCENDANT

Puits d'extraction

De 4 mètres sur 3 mètres et 60 mètres de profondeur,
à 800 fr. le mètre .... = 48.000ᶠ »
Une descenderie, 60 mètres à 100 fr................. = 6.000 »
Voûte (40 × 40), 1.000 mètres carrés à 25 fr.......... = 40.000 »

Ensemble...................... 94.000ᶠ »

MÉTHODE EN REMONTANT

Puits d'extraction

De 5 mètres sur 2 mètres et 160 mètres de profondeur.
à 600 fr. le mètre (descenderie comprise)........... = 96.000ᶠ »
Deux puits à remblais, 160 mètres à 100 fr........... = 16.000 »
Voûtes (2 × 40 × 50), 4.000 mètres à 15 fr.......... = 60.000 »

Ensemble.................... 172.000ᶠ »

Comme le second travail durerait peut-être deux ans de plus que le premier, il y aurait des intérêts en plus à ajouter qui pourraient porter la seconde somme à 180,000 francs.

Le cube total à extraire dans le fonds en descendant serait, à cause de la réduction de largeur en descendant, au plus, de :

$40 × 30 × 100 = 120,000$ et à raison de 66,66 °/₀ de schiste utile, il y aurait: 80,000 mètres cubes de schiste utile à peu près. Donc le mètre cube serait grevé de 1 fr. 18 du fait des travaux de premier établissement (à part les installations extérieures).

Le cube des chambres en remontant serait de :

$2 × 40 × 50 × 100 = 400,000$ mètres, ce qui donnerait, à raison de 66,66 °/₀ de schiste utile, 265,000 mètres cubes de schiste utile, ou 0 fr. 65 de

travaux de premier établissement par mètre cube utile ;
il y aurait donc encore ici économie de 0 fr. 50 par
mètre cube au moins pour la méthode en remontant.

Dans l'exploitation en descendant, il y a presque
toujours un certain épuisement à faire, même dans les
fonds les plus secs ; dans l'exploitation en remontant,
au contraire, à moins d'affluence d'une quantité d'eau
importante, celle-ci trouvera à se loger dans les vides
des remblais.

Dans l'exploitation en descendant, de grandes surfaces de terrain sont couvertes par le schiste non utilisable que l'on est obligé d'extraire, et ces terrains sont
rendus absolument improductifs ; cet inconvénient disparaît entièrement dans la méthode en remontant.

Ces diverses considérations ne peuvent que confir-
mer nos conclusions de plus haut, et nous croyons
pouvoir admettre que, dans une exploitation bien conduite, on aura une économie de trois à cinq francs par
mille d'ardoises dans la méthode en remontant sur celle
en descendant ; il appartient à l'expérience des années
à venir de vérifier si ces conclusions étaient justes.

1° EXPLOITATION EN DESCENDANT

A. — Éboulements provenant de voûtes.

NOM de l'ardoisière.	DATES des chutes ou éboulement.	PROFONDEUR du fonds.	CUBE éboulé.	ÉBOULEMENT		VICTIMES		OBSERVATIONS.
				prévu.	imprévu.	tués.	blessés.	
Grands-Carreaux.	25 janvier 1851.	40m	7mc	»	1	»	»	Premier éboulement provenant de la voûte. Imprévu : le fonds avait 10 ans d'existence.
Grands-Carreaux.	22 novembre 1851.	45	3000	1	»	»	»	Éboulement survenu à 6 h. du matin, ayant menacé depuis 10 h. du soir la veille. Le bloc était limité au-dessus de la voûte par un assereau et d'un côté par le chef est du puits (hauteur moyenne du bloc : 4m).
Fresnais	8 juin 1861.	42	25	1	»	»	»	Croûte (de 1m,50) de la voûte séparée par une rembrayure et divers autres délits : les ouvriers ont prévu l'éboulement par la chute de petits morceaux de rocher tombés 2 fois à petits intervalles et se sont sauvés sur les ponts.
Grands-Carreaux.	5 octobre 1864.	1,50	15	»	1	»	2	Bloc séparé par un assereau et une rembrayure tombé sans aucun avertissement, les fentes ayant été examinées quelques minutes auparavant.
Petits-Carreaux	15 octobre 1873.	25	2000	1	»	»	»	Néant.
Pont-Malembert.	18 mai 1881.	30	1000	1	»	»	»	Chute comprenant une partie de la paroi du midi et un cœur à la voûte ayant 10m de hauteur formé par 2 érusées.
Misengrain	21 décembre 1885.	40	400	1	»	»	»	Cœur de la voûte, partant du puits, formé par une chauve et une rembrayure.
Grand'Maison	16 août 1887.	70	bloc.	»	1	1	»	Bloc ayant l'une de ses faces formée par le chef du puits.
La Forêt	6 août 1888.	6	4 à 5000	»	»	»	»	Dans le fonds, anciennement pris en descendant, l'on avait entamé la voûte en remontant ; il s'est produit un éboulement d'une partie triangulaire comprise entre une chauve verticale et une rembrayure inclinée, d'une hauteur allant jusqu'à 20m ; le cube éboulé est de 4 à 5000mc. On avait prévu une chute ; mais les ouvriers ne sont sortis qu'un quart d'heure avant, malgré des grémillements.
Misengrain	15 novembre 1888.	8	750	»	1	18	3	Éboulement imprévu. La partie tombée de la voûte formait un cœur par suite d'une chauve et d'une rembrayure ; les deux délits avait joué de 10 à 15 millimètres, mais étant chevillés et le mouvement de lipage s'étant arrêté, on avait cru le mouvement terminé.
Paperie	5 mars 1889.	50	9	»	1	»	4	Le bloc tombé s'est détaché de la voûte en bas et à la paroi nord du puits suivant des assereaux et des chefs.
				6	5	19	9	

B. — Éboulements provenant d'avancées.

NOM de l'ardoisière.	DATES des chutes ou éboulement.	PROFONDEUR du fonds.	CUBE éboulé.	ÉBOULEMENT		VICTIMES		OBSERVATIONS.
				prévu.	imprévu.	tués.	blessés.	
Grands-Carreaux.	12 décembre 1859.	30m	500mc	1	»	»	»	Éboulement provenant de la voûte d'une avancée ; a menacé 8 jours.
Fresnais	13 juillet 1877.		50	»	1	5	4	Tête de l'avancée du chef ouest.
Fresnais	27 juillet 1877.		bloc.	»	1	»	2	Tête de l'avancée du chef ouest.
La Forêt	7 mars 1888.	50	8	»	1	2	1	Bloc tombé de la voûte d'une avancée qu'on préparait pour y travailler en remoutent : on venait de tirer des coups de mine et le bloc, limité par une chauve, une rembrayure et 2 chefs, avait perdu en partie son appui par l'effet des coups de mine.
				1	3	7	7	

NOM de l'ardoisière	DATES des chutes ou éboulements	PROFONDEUR du fonds	CUBE éboulé	ÉBOULEMENT prévu.	ÉBOULEMENT imprévu.	VICTIMES Tués.	VICTIMES Blessés.
C. — Éboulements							
Fresnais	26 avril 1854.	?	?	»	1	»	1
Fresnais	7 juin 1854.	53m	2,000mc	1	»	»	1
Grands-Carreaux	5 septembre 1860	85	16,000	1	»	1	»
Grands-Carreaux	7 septembre 1888	105	15	»	1	1	1
				2	2	2	3
D. — Éboulements							
Grand'Maison	24 juillet 1888.	65	pierre	»	1	»	1
				»	1	»	1
E. — Éboulements							
Grands-Carreaux	7 mai 1848.	?	?	?	?	»	»
Grands-Carreaux	5 décembre 1853.	80	72	?	?	»	»
Grands-Carreaux	9 septembre 1860	80	?	1	»	»	»
Grands-Carreaux	12 avril 1862.	80	pierre	»	1	1	»
Grands-Carreaux	16 novembre 1866	?	4,000	?	?	»	»
Petits-Carreaux	6 mars 1875.	35	1,000	»	1	»	2
Petits-Carreaux	16 février 1876.	40	1,400	1	»	»	»
Fresnais	18 janvier 1879.	55	petit bloc	»	1	»	4
Paperin	28 octobre 1880.	40	300	1	»	»	»
Fresnais	23 novembre 1880	60	8	»	1	1	2
Paperie	11 février 1881.	42	important.	1	»	»	»
Paperie	4 juin 1883.	79	15,000	»	1	13	4
Petits-Carreaux	13 octobre 1887.	60	35	»	1	»	1
Paperie	21 août 1887.	40	500	1	»	»	»
Misengrain	20 août 1887.	35	15,000	1	»	»	»
				6	6	15	13

OBSERVATIONS

provenant de chefs est.

Pas de détails.
Bardeau est écroulé en partie sous la voûte qui n'a pas bougé.
Éboulement du bardeau séparatif des fonds 1 et 2, prévu depuis 3 semaines.
Bloc tombé d'une manière imprévue ; un faux-chef invisible sur le chef lui-même séparait le bloc.

provenant de chefs ouest.

Néant.

provenant de parois nord.

L'éboulement nécessite l'abandon du fonds.
Pas d'indication si l'éboulement survenu à minuit 1/2 était prévu. (Assereau et chauves.)
Conséquence de l'éboulement du bardeau séparatif des fonds 1 et 2. (Assereau et feuilletis, etc.)
Néant.
Pas de détails.
Chute imprévue d'une partie de rocher de la paroi nord formant pyramide aiguë dont le sommet était dans le puits ; on avait fait des décalabrages 36 heures avant ; de petites pierres sont tombées peu avant la chute.
Néant.
Chute imprévue. (Bavure.)
Chute prévue provenant des relais de la paroi nord.
Chute imprévue d'un bloc. (Bavure, chauve et chef.)
Chute prévue provenant encore des relais de la paroi nord.
Chute imprévue provenant des relais de la paroi nord, comme ci-dessus.
Chute imprévue d'un bloc. (Bavure et rembrayure.)
Chute prévue depuis 2 jours. (Chauves.)
Dès le mois de juin, une fente s'était élargie à la paroi nord et davantage le 20 août. (Chauve, bavure.) Pour 3 éboulements il y a doute sur la prévision.

F. — Éboulements provenant de parois sud.

NOM de l'ardoisière.	DATES des chutes ou éboulements.	PROFONDEUR du fonds.	CUBE éboulé.	ÉBOULEMENT		VICTIMES.		OBSERVATIONS.
				prévu.	imprévu.	Tués.	Blessés.	
Fresnais	1er septembre 1854	?	?	?	»	»	»	Éboulement d'importance inconnue qui a nécessité l'abandon de 2 fonds (délits divers)
Grands-Carreaux	22 avril 1857	70mc	petit	»	1	»	5	Éboulement imprévu.
Fresnais	26 novembre 1858	?	1 à 2mc	»	1	1	4	Éboulement imprévu.
Fresnais	14 décembre 1860	40	600	»	1	9	2	Éboulement absolument imprévu d'une croûte de 1 mètre d'épaisseur à peu près de la paroi sud, limitée par derrière par une chauve, et qui s'étendait sur 30 mètres de hauteur et 20 mètres de largeur ; la chute est arrivée la nuit.
Fresnais	30 août 1861	15	1,000	1	»	»	»	Pas de détails (Lorsin.)
Grands-Carreaux	29 juillet 1862	80	3 à 4,000	1	»	»	»	Pas de détails.
Grands-Carreaux	2 octobre 1864	115	8,000	?	?	»	»	Fonds abandonné : pas de détails.
Fresnais	13 juillet 1865	?	5,000	1	»	»	»	Pas de détails.
Fresnais	6 octobre 1866	?	100	1	»	»	»	Pas de détails.
Fresnais	29 avril 1867	50	100	»	1	1	2	La masse était séparée par une chauve, un chef et un feuilletis.
Fresnais	3 mai 1867	30	15	1	»	»	»	Pas de détails.
Paperie	24 mai 1868	23	3,000	»	1	1	»	Chutes absolument imprévue et qui aurait pu avoir des conséquences très graves si elle ne s'était produite le dimanche soir. M. Brossard de Corbigny, dans une lettre à l'ingénieur en chef, insiste sur le danger de pareils accidents se produisant inopinément. (Deux chauves, asseroau, bavure.)
Paperie	1er septembre 1868	?	considérable	1	»	»	»	Le fonds a été abandonné.
Fresnais	13 mai 1869	30	10,000	1	»	»	»	Pas de détails.
Fresnais	24 novembre 1870	35	20	»	1	»	9	Chute imprévue ; pas de détails. (Deux chefs, une chauve.)
Grand'Maison	21 septembre 1873	?	bloc	»	1	»	1	Néant.
Petits-Carreaux	12 février 1875	35	300	1	»	»	»	Néant.
Hermitage	2 juin 1877	?	1,500	1	»	»	»	Néant.
Hermitage	20 juillet 1877	?	?	1	»	»	»	Chute provoquée par l'eau.
Paperie	8 novembre 1879	20	200	»	1	4	3	Une partie de rocher s'est détachée de la paroi sud sous la voûte, sur 25 mètres de hauteur, 10 mètres de largeur et 80 centimètres d'épaisseur moyenne, au moment où l'on tirait deux coups de mine dans la fouée la plus basse, pour lui faire rejoindre la paroi sud. (Deux chauves, une râtle.)
Fresnais	9 janvier 1883	75	2,000	»	1	»	1	Chute imprévue. Grâce à une circonstance absolument fortuite, un ouvrier a pu avertir les autres trois minutes avant la chute, voyant un délit s'ouvrir (Bavure et feuilletis.)
Petits-Carreaux	19 avril 1884	45	bloc	»	1	1	»	Bavure.
Hermitage	11 janvier 1886	63	pierre 1ms	»	1	»	1	Chauve et asseroau.
Grand'Maison	11 juin 1887	66	bloc 8me	»	1	»	4	Chauve.
Petits-Carreaux	8 février 1888	80	80	»	1	»	1	Chute imprévue ; pas de détails (Chauve, bavure.)
Petits-Carreaux	10 février 1886	80	3,500	1	»	»	»	Chute prévue ; ouvriers remontés trois heures avant
Petits-Carreaux	19 mai 1888	86	bloc	»	1	2	3	Chute imprévue d'un bloc chevillé qu'on avait cependant déjà reconnu peu solide. (Chauve, bavure.)
Paperie	juillet 1888	19	5,000	1	»	»	»	Pas de détails. (Chauve, chef, bavure.)
Hermitage	30 janvier 1889	88	1,000	»	1	»	»	Chute imprévue d'un relais laissé par un éboulement provoqué. (Deux chauves.)
				12	25	10	30	

Pour deux éboulements, il y a doute sur la prévision.

NOM de l'ardoisière.	DATES des chutes ou éboulements	PROFONDEUR du fonds.	CUBE éboulé.	ÉBOULEMENT.		VICTIMES.	
				prévu.	imprévu.	Tués.	Blessés.
					G. — Effon		
Fresnais (fonds 1 2 et 3)...	18 mai 1862.	»	500,000^{mc}	1	»	»	»
Grands - Carreaux (fonds 1 et 2)..	4 et 5 janvier 1868	115^{mc}	450,000	1	»	3	»
Paperie...	3 novembre 1875.	?	?	1	»	»	»
Misengrain	14 novembre 1887.	55		1	»	»	»
				4	»	3	»

2° EXPLOITATION

NOM de l'ardoisière.	DATES des chutes ou éboulements	PROFONDEUR du fonds.	CUBE éboulé.	prévu.	imprévu.	Tués.	Blessés.
Pont-Malembert..	10 avril 1889.	5^{m}	3^{cc}	»	1	»	4
La Forêt........	22 juin 1889.	7^{m}	43	»	1	1	»
Pont-Malembert..	21 juillet 1889.	5^{m}	45	»	1	2	»
				»	3	3	4

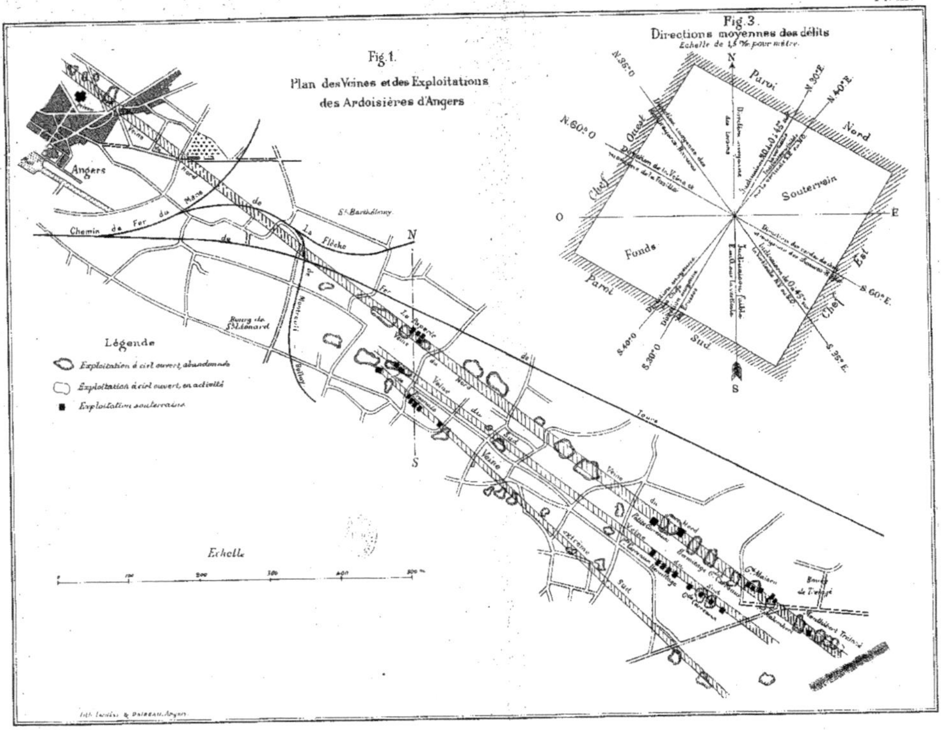

Fig. 1.
Plan des Veines et des Exploitations
des Ardoisières d'Angers
Angers
Chemin de Fer du Mans
St. Barthélemy
La Flèche
Bourg de St. Léonard
Légende
Exploitation à ciel ouvert abandonnée
Exploitation à ciel ouvert, en activité
Exploitation souterraine
Echelle
N
S
Fig. 3.
Directions moyennes des délits
Echelle de 1,5 % pour mètre
N
Paroi
Nord
Chef
Souterrain
Fonds
Paroi
Sud
Chef
Est
O
E
S
N. 36° O
N. 60° O
N. 30° E
N. 40° E
S. 40° O
S. 30° O
S. 35° E
S. 60° E

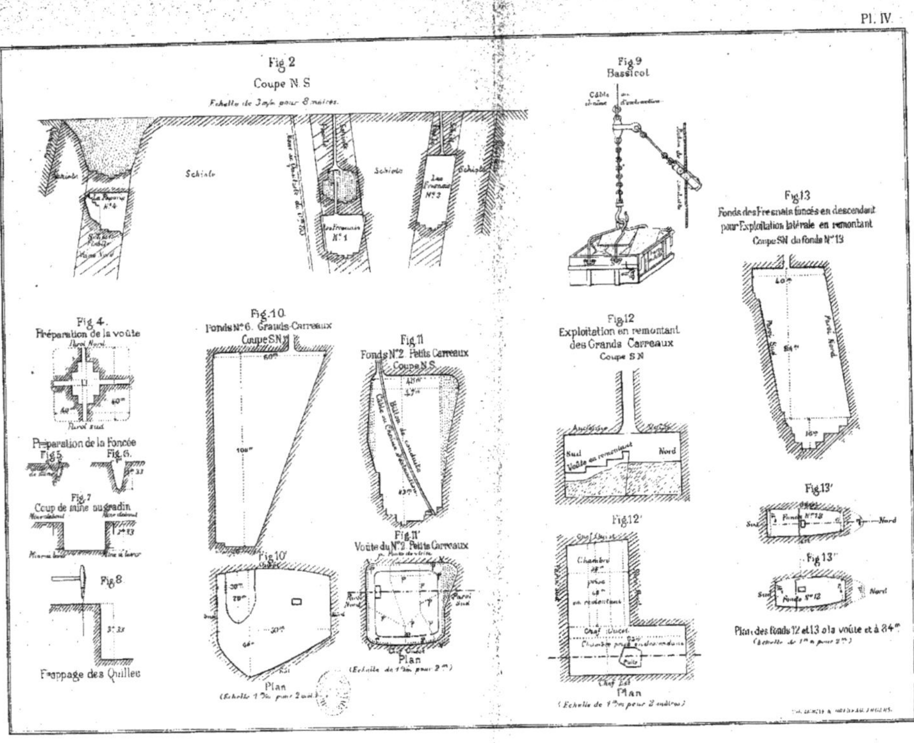

Fig 2
Coupe N S
Echelle de 3m/m pour 8 mètres
Schiste
Fig 9
Bassicot
Câble chaîné
Fig 13
Fonds des Fresnais foncés en descendant
pour Exploitation latérale en remontant
Coupe SN du fonds N° 13
Fig 4.
Préparation de la voûte
Préparation de la Foncée
Fig 5.   Fig 6.
Fig 7
Coup de mine au gradin
Fig 8
Frappage des Quilles
Fig 10.
Fonds N° 6. Grands Carreaux
Coupe SN
Fig 10'
Plan
(Echelle 1m/m pour 2 mètres)
Fig 11
Fonds N° 2. Petits Carreaux
Coupe S N
Fig 11'
Voûte du N° 2 Petits Carreaux
Plan
(Echelle de 1m/m pour 2 mètres)
Fig 12
Exploitation en remontant
des Grands Carreaux
Coupe S N
Sud   Nord
Fig 12'
Chambre
Plan
(Echelle de 1m/m pour 2 mètres)
Fig 13'
Fonds N° 13
Sud   Nord
Fig 13''
Fonds N° 12
Sud   Nord
Plan des fonds 12 et 13 à la voûte et à 84m
(Echelle de 1m/m pour 2 mètres)

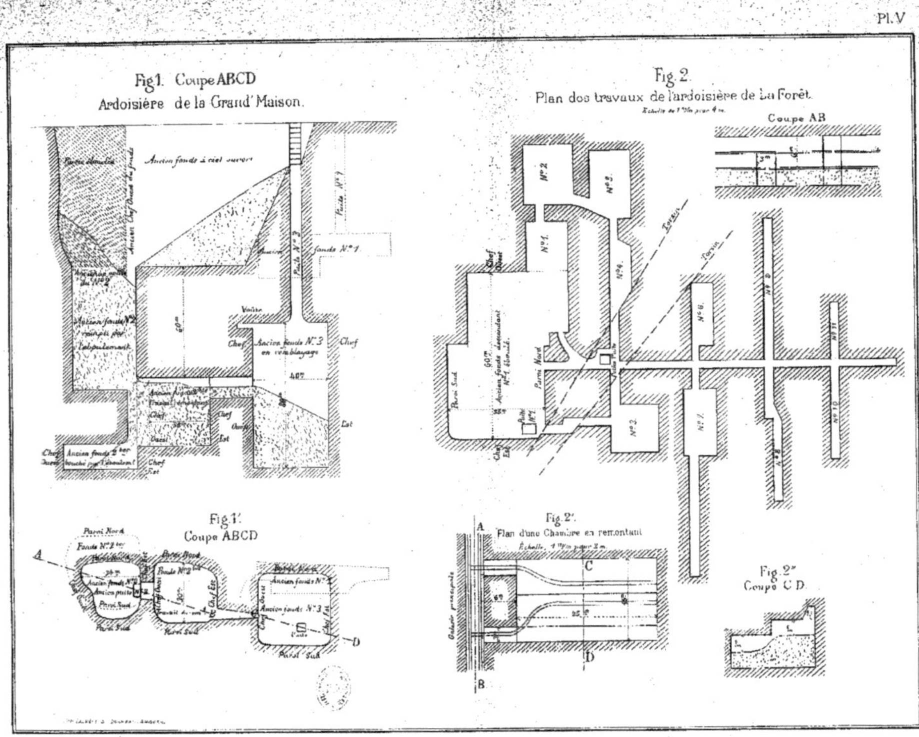

Fig.1. Coupe ABCD
Ardoisière de la Grand'Maison.
Fig.2.
Plan des travaux de l'ardoisière de La Forêt.
Coupe AB
Fig.1'.
Coupe ABCD
Fig.2'.
Plan d'une Chambre en remontant
Fig.2''.
Coupe CD

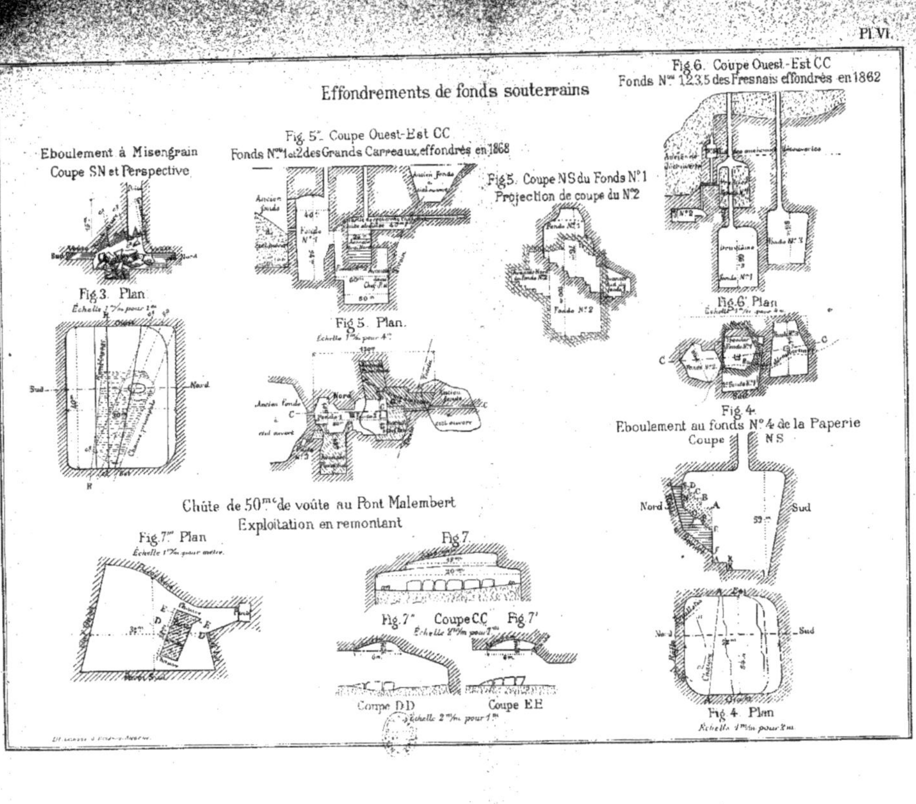

Effondrements de fonds souterrains
Fig. 6. Coupe Ouest-Est CC
Fonds Nos. 1,2,3,5 des Fresnais effondrés en 1862
Fig. 5. Coupe Ouest-Est CC
Fonds Nos. 1 et 2 des Grands Carreaux, effondrés en 1868
Fig 5. Coupe NS du Fonds N°1
Projection de coupe du N°2
Eboulement à Misengrain
Coupe SN et Perspective
Fig 3. Plan
Fig 5. Plan.
Fig. 6. Plan
Fig. 4.
Eboulement au fonds N°4 de la Paperie
Coupe NS
Chûte de 50m.c de voûte au Pont Malembert
Exploitation en remontant
Fig. 7. Plan
Fig 7.
Fig. 7. Coupe CC
Fig. 7'
Coupe DD
Coupe EE
Fig. 4. Plan
Sud
Nord

OBSERVATIONS.

drements.

Des fentes s'agrandissaient lentement dans le bardeau séparatif des fonds 1 et 3. Le 18, au matin, les surveillants s'aperçurent que les fentes avaient joué de 2 centimètres depuis la veille ; dans la journée on entendit à l'intérieur des bruits d'éboulement ; à 10 h. 1/4 du soir, l'effondrement complet se produisit, comprenant la partie supérieure du puits n° 2 dont on suppose la voûte être restée intacte.

Depuis plusieurs mois, des fentes s'observaient dans le chef est du fonds n° 2, dont le chef ouest était séparé par un bardeau de 10ᵐ du chef est du fonds n° 1. Les deux fonds, déjà très profonds, avaient été agrandis latéralement en dehors des limites de la voûte primitive, le n° 1 vers le sud, à 60ᵐ de la voûte, le n° 2 vers le nord, au voisinage de la voûte ; de plus, dans ce dernier, on avait fait une avancée de recherches vers l'est, également au droit de la voûte. En total, ces deux fonds avaient souscavé une surface presque continue de 7,000ᵐᶜ, car le bardeau séparatif des deux fonds, percé de grandes ouvertures, constituait plutôt une fatigue qu'un support pour la partie supérieure. Le 4 janvier, au soir, le mouvement des fentes, dans le chef est, s'accentua au point qu'un suif, posé par le clerc à 8 h., était fendu à 10 h. ; le clerc fit sortir les ouvriers qui entendirent tomber quelques petits morceaux de la paroi du midi, pendant leur sortie. A 1 h. du matin, première chute sur le chef est ; à 3 h., nouvelle chute au même endroit et sur la paroi du midi. A 7 h. du matin, on constata, par une visite, que plusieurs ponts de la voûte étaient tombés. Jusqu'à 5 heures du soir, il ne tomba plus que de petites pierres. A 6 h. du soir, une très forte chute eut lieu à l'intérieur, sans cependant qu'on remarquât rien à la surface. Mais le clerc en chef, craignant pour la surface, voulut faire barrer les chemins qui y passaient et faire enlever le matériel. Une nouvelle chute ayant fait trembler le sol, l'un des ouvriers qui se trouvaient avec le clerc se sauva, entraînant un enfant ; il était arrivé à peu de distance, lorsque tout le ciel des fonds s'écroula, entraînant le clerc et deux ouvriers. Les machines, chaudières et charpentes du n° 2, la charpente du n° 1, l'usine à gaz, etc., furent englouties. La cavité formée à la surface, limitée par des plans presque verticaux, paraît s'être étendue d'abord surtout du côté du fonds n° 2, laissant intacte une partie de la voûte du n° 1 du côté ouest ; cette cavité avait 90ᵐ dans le sens est-ouest et 100ᵐ dans le sens nord-sud, en tout une surface de 9,000 mètres carrés avec une profondeur moyenne au-dessus des voûtes de 50ᵐ.

Aucun détail.

La chute a été prévue quelques jours auparavant par des fentes qui se sont produites dans le chef est sous la voûte et au-dessus d'une petite chambre. La carrée et le bâtiment des machines ont été entraînés.

EN REMONTANT

Un bloc dont on avait reconnu le peu de solidité est tombé du front du gradin pris en remontant et a renversé un échafaudage sur lequel se trouvaient les ouvriers.

Bloc délimité par des chauves ; il n'y avait pas de surface adhérente que 1ᵐ,950 à 2 mèt. carrés à peu près, et le bloc était resté plusieurs mois sans montrer un mouvement.

Le bloc était séparé de la masse en dessus par un assereau feuilletis et latéralement par 2 chauves.

ANGERS, IMPRIMERIE LACHÈSE ET DOLBEAU.

www.ingramcontent.com/pod-product-compliance
Lightning Source LLC
LaVergne TN
LVHW021752170726
843503LV00004B/1850